Monika Schaal
Ursula Daugschieß-Thumm

W0085886

Lockere Leine

Monika Schaal
Ursula Daugschieß-Thumm

Lockere *Leine*

Die Hundeschule

Müller
Rüschlikon

Impressum

Einbandgestaltung: Petra Pawletko

Titelbild: Iris Bach

Bildnachweis:
Jochen Bendig: S. 44, 62; Otto Durst@www.fotolia.de: S. 6, 89; Stefan Franz@www.fotolia.de: S. 78; Claude Hockenjos: S. 32, 75; Peter Jung: S. 29, 71, 77; Varina and Jay Patel@www.fotolia.de: S. 86; Ina Rohde-Linnemann: S. 43; Schecker GmbH, www.schecker.de: S. 8, 55; Petra Tischner, www.passion-paws.de: S 11, 59, 95; Tootles@www.fotolia.de: 18, 23, 40, 61, 63, 73, 79, 88; tstockphoto@www.fotolia.de: 16.
Bilder im Kolumnentitel: Beate Schwarz, http://fotografie.com-werkstatt
Alle übrigen Fotos stammen von Iris Bach, www.irisbach.de.

Die in diesem Buch enthaltenen Hinweise und Ratschläge beruhen auf jahrelang gemachten Erfahrungen und gesammelten Erkenntnissen in praktischer und theoretischer Arbeit mit Hunden im Hundesportbereich wie im Hundealltag. Alle Angaben wurden gründlich geprüft. Eine Haftung der Autorinnen oder des Verlages und seiner Beauftragten für Personen-, Tier-, Sach- und Vermögensschäden ist ausgeschlossen.

ISBN 978-3-275-01621-1

Copyright © 2008 by Müller Rüschlikon Verlag

Postfach 103743, 70032 Stuttgart

Ein Unternehmen der Paul Pietsch Verlage Gmbh+Co

Lizenznehmer der Bucheli Verlags AG, Baarerstr. 43, CH-6304 Zug

1. Auflage 2008

Sie finden uns im Internet unter **www.mueller-rueschlikon-verlag.de**

Der Nachdruck, auch einzelner Teile ist verboten. Das Urheberrecht und sämtliche weiteren Rechte sind dem Verlag vorbehalten. Übersetzung, Speicherung, Vervielfältigung und Verbreitung, einschließlich Übernahme auf elektronische Datenträger wie CD-ROM, Bildplatte usw. sowie Einspeicherung in elektronische Medien wie Bildschirmtext, Internet usw. sind ohne vorherige schriftliche Genehmigung des Verlages unzulässig und strafbar.

Lektorat: Rosemarie Wild

Innengestaltung: Petra Pawletko

Druck und Bindung: Vychodoslovenske Tlaciarne JSC Kosice, 04267 Kosice

Printed in Slovak Republic

Inhalt

Wunschtraum und Wirklichkeit

Hund und Mensch haben zunächst sehr unterschiedliche Vorstellungen davon, wie das gemeinsame Gehen an der Leine aussehen soll. Der Hundebesitzer wünscht sich vielleicht einen entspannten Spaziergang in schöner Umgebung oder die ruhige Abendrunde nach einem anstrengenden Tag, bei der er seinen Gedanken nachhängen kann und der Hund ganz selbstverständlich an lockerer Leine nebenher läuft.

Der Hund hat eine völlig andere Sicht der Dinge. Er nimmt anderes wahr und will ganz woanders hin als Sie. Er zieht, weil er glaubt, damit schneller an sein gewünschtes Ziel zu kommen, was in vielen Fällen ja auch stimmt! Für den Hund bedeutet das Gehen an der Leine zunächst einmal die Beschränkung seiner Freiheit, dass es oftmals zu seiner eigenen Sicherheit unbedingt nötig ist oder dass Verordnungen dies vorschreiben, weiß er ja nicht. Ihr Hund weiß auch nicht, dass es auf Passanten einen besseren Eindruck macht, wenn er an lockerer Leine mitläuft oder Ihnen einen Bandscheibenschaden erspart, wenn er nicht wie ein Eichhörnchen zwischen Ihren Beinen hin- und herspringt.

Der Spaziergang mit einem heftig an der Leine ziehenden Hund ist weder für den Hund noch für den Besitzer angenehm. Auch Ihre Mitmenschen erwarten, dass Sie Ihren Hund unter Kontrolle haben, wobei es häufig noch toleriert wird, wenn ein kleiner, niedlicher Hund an der Leine zieht, bei einem größeren, kräftigen Vierbeiner sieht es schon wieder anders aus.

An der Leine gehen ist für viele mit einem Muss, ja fast einer Anspannung verbunden. Für den Hundebesitzer und damit auch für den Hund. Schon der Sprachgebrauch zeigt dies: Der Hund muss lernen, nicht an der Leine zu ziehen. An die Leine muss unser Hund, wenn Gefahr droht,

wenn wir an eine Straße kommen oder in der Fußgängerzone. Sonst darf er frei laufen. Vieles andere wie Apportierspiele, Agility oder andere Beschäftigungen darf man lernen, es macht Spaß und wir machen es freiwillig. Das Leinentraining dagegen gehört zu den Pflichtaufgaben.

Das Gehen an lockerer Leine lässt sich nicht in ein paar Übungsstunden erledigen, es wird Sie und Ihren Hund ein ganzes Hundeleben lang begleiten. Beim Welpen freut man sich bereits, wenn er einige Schritte ohne zu ziehen nebenher geht. Der Junghund scheint zu manchen Zeiten alles vergessen zu haben und auch beim gut ausgebildeten Hund gibt es Situationen, in denen er das Gelernte vergisst und an der Leine zieht.

Wenn wir von unserem Hund erwarten, dass er uns in vielen Alltagssituationen wie selbstverständlich an lockerer Leine begleitet, ist es zunächst einmal unsere Aufgabe, dafür zu sorgen, dass er dies auch erlernen kann. Dazu müssen beim Training bestimmte Punkte beachtet und Regeln aufgestellt werden, die immer verbindlich gelten, damit das Erlernte auch beibehalten wird. Dies ist anfangs sicher etwas mühsam und erfordert einige Konsequenz. Wenn Sie dadurch aber in Zukunft entspannt miteinander unterwegs sein können, hat sich die ganze Anstrengung gelohnt.

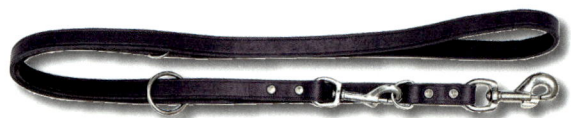

Am anderen Ende der Leine –
der Hundebesitzer

- ■ Erst lernt der Mensch und dann der Hund
- ■ Ich sage es ihm doch ständig ...
- ■ Warum zieht er nur so an der Leine?
- ■ Verknüpfung von Signal und Handlung
- ■ Manchmal zieht er halt ein bisschen ...
- ■ Verschiedene Wege führen ans Ziel

Erst lernt der Mensch und dann der Hund

Solange bei der Ausbildung alles gut läuft, machen sich viele Hundebesitzer nur wenig Gedanken darüber, wie der Hund lernt und was bei der Erziehung zu beachten ist. Die wenigsten Hunde sind jedoch ganz von alleine oder mit nur ein wenig Anleitung leinenführig. Es gibt eine ganze Menge Stolpersteine auf dem Weg zum nicht ziehenden Hund.

Das Grundwissen über das Lernverhalten von Hunden ist erforderlich,

um eine Übungssituation passend zu gestalten.

um einen jungen Hund bei seiner Ausbildung richtig anleiten zu können

um bei einem an der Leine ziehenden Hund zu überprüfen, was er falsch verstanden oder miteinander verknüpft haben könnte.

In diesem Kapitel wollen wir Ihnen in Kurzform die wichtigsten Punkte aufzeigen, wie Hunde lernen und was dabei berücksichtigt werden sollte. Beim Durchlesen wird Ihnen vieles sicher logisch und durchaus nachvollziehbar erscheinen. Wenn Sie dann aber mit Ihrem mal wieder an der Leine ziehenden Hund über die Wiese schlittern, sieht manches doch ganz anders aus. Denn leider lässt sich allein aus Büchern und dem daraus erworbenen Wissen nur selten ein Hund gut erziehen.

Um diese theoretischen Kenntnisse auch richtig anzuwenden, braucht es in der Praxis viel Übung und Erfahrung des Hundebesitzers. Und die bekommt man erst mit der Zeit – mit all den Rückschlägen und Erfolgen, die einfach dazugehören. Wie lange Sie beispielsweise an einem Übungsschritt arbeiten müssen, ob der Hund dieses oder jenes Lob besser findet oder ob sich der Hund in einem bestimmten Übungsumfeld wohlfühlt, das kann Ihnen kein Buch abnehmen. Erfahrungen sammeln kann auch bedeuten, ganz praktische Fertigkeiten zu üben. Sie werden lernen, schneller zu reagieren, aufmerksamer zu beobachten oder die eigene Körpersprache oder Stimme besser unter Kontrolle zu haben.

Es bedeutet auch immer wieder zu überprüfen und zu hinterfragen, ob man mit seinem Vorgehen noch auf dem richtigen Weg ist. Oder auch mal Fehler zu machen und dann aber zu merken, dass etwas schief läuft.

Ich sage es ihm doch ständig ...

»Ich sage ihm immer Fuß, Fuß, und trotzdem zieht er weiter!«

Stimmt, Sie geben dem Hund Ihrer Meinung nach eine Anweisung – doch ist diese auch eindeutig als Signal für den Hund erkennbar, und was erwarten Sie dann genau von Ihm?

Lernziel formulieren und das passende Signal dafür auswählen

Um Ihren Hund trainieren zu können, brauchen Sie unbedingt eine klare Vorstellung davon, was der Hund tun soll. Wenn Sie es nicht genau wissen, woher soll es dann der Hund wissen? Sagen Sie also nicht »mein Hund soll nicht an der Leine ziehen«, sondern beschreiben Sie für sich, was genau der Hund tun soll.

Wenn Sie sehr exakt definieren, dann gibt es verschiedene Arten an der Leine zu gehen, für die Sie jeweils auch extra Signale benötigen. Was sollten Sie bei der Auswahl Ihrer Signale beachten?
Ganz wichtig ist, dass der Hund die Möglichkeit hat, das Signal bewusst wahrzunehmen. Das bedeutet, ein verbales Signal darf nicht in einen ganzen Redeschwall eingebettet sein. Ungeschickt wäre: »Luna, jetzt mach endlich Fuß und sei brav!« Es ist schon recht schwierig für den Hund herauszuhören: »Luna, Fuß.«

Ein verbales Signal sollte kurz und gut auszusprechen sein. Es darf keine weitere Bedeutung für den Hund haben. Ähnlich klingende Worte, wie zum Beispiel »nein« und »fein« sollten eher vermieden werden.

Wenn der Hund im Jagdeinsatz an der Leine zieht, ist dies nicht nur lästig, sondern kann sehr schnell gefährlich werden. Die lockere Leine ist hier eine absolute Notwendigkeit.

11

Schnüffeln erlaubt?   *Eng neben dem Menschen.*

Locker nebenher.

*Lockere Leine mit mehreren Hunden?
Durchaus möglich, aber eine Frage des Trainings.*

➜ Lernziel:

»Fuß«gehen

Beim Fußgehen läuft der Hund dicht neben Ihnen mit, im Idealfall mit seiner Schulter in Höhe Ihres Knies. Er darf dabei nicht schnüffeln oder von sich aus stehen bleiben. Der Hundeführer bestimmt Tempo und Richtung, der Hund beobachtet und folgt seinem Führer aufmerksam und willig. Dies erfordert eine hohe Konzentration und ist daher zeitlich nur beschränkt möglich.

Einen gut bei Fuß gehenden Hund brauchen Sie beispielsweise im Hundesport; »Fuß« ist in allen Begleithundeprüfungen enthalten und durch eine Prüfungsordnung genau definiert. Im Alltag wird »Fuß« meist seltener verwendet als das Gehen an lockerer Leine. Oftmals nur in bestimmten Situationen, wenn Sie zum Beispiel mit Ihrem Hund durch die Fußgängerzone gehen, an Engstellen oder wenn Sie dicht an anderen Menschen vorbeigehen müssen, die keinen Kontakt zum Hund wünschen.

Als Signal für das korrekte Fuß-Gehen könnten Sie »Fuß« oder »heel« (engl. für Fuß) verwenden.

➜ Lernziel:

Mitgehen an lockerer Leine

Diese Art des Mitgehens wird in vielen Alltagssituationen gebraucht und ist nicht durch eine Ausbildungsverordnung definiert. Hier sind Sie selbst gefragt.

◄ *Verschiedene Möglichkeiten, an lockerer Leine zu gehen.*

Übung:

Definieren Sie für sich, was Ihr Hund tun soll, wenn er leinenführig ist:

Wo befindet sich der Hund: vor, hinter, neben Ihnen?

Was soll er tun, wenn Sie stehen bleiben?

Darf der Hund nebenher schnüffeln oder gar pinkeln?

Soll er Sie während des Gehens anschauen usw.?

Definieren Sie weiter, was Sie tun:

Schlendern Sie?

Gehen Sie schnellen Schrittes?

Lassen Sie sich vom Hund auch mal zu einer interessanten Stelle hinziehen?

Bleiben Sie ab und zu stehen?

Wohin schauen Sie, achten Sie dabei auf den Hund?

Der Hundebesitzer bestimmt das Tempo, der Hund geht willig mit.

Für das Mitgehen an lockerer Leine brauchen Sie ebenfalls ein Signal, es ist nur die Frage, welches.

1. Die Leine selbst ist das Signal
Das bedeutet: Wenn der Hund die Leine am Halsband spürt, geht er mit, ohne zu ziehen. Das Anspannen der Leine wird zum Signal dafür, nicht weiter zu ziehen.
Der Vorteil ist, dass Sie kein weiteres Signal benötigen. Sie können sich ganz darauf konzentrieren, Ihren Hund im richtigen Moment zu loben oder auf sein Fehlverhalten zu reagieren.
Unterschiedliche Leinenlängen können dem Hund beim Lernen die richtige Einschätzung erschweren. Ist die Leine immer gleich lang, kann er schnell begreifen, in welchem Abstand er sich zu seinem Besitzer bewegen kann, bevor sich die Leine strafft. Und er muss es nicht jedes Mal aufs Neue ausprobieren.

2. Ein verbales Signalwort
Das bedeutet: Der Hund geht auf ein verbales Signal wie »Komm mit«, »Leine«, »Bei mir« oder etwas Ähnliches an lockerer Leine neben Ihnen.

Vorteil: Dieses Signal kann auch dann verwendet werden, wenn der frei laufende Hund locker neben uns mitgehen soll. Er muss dazu nicht nochmals ein neues Signal erlernen. Manchen Hundebesitzern fällt es auch leichter, bei einem bewusst gegebenen Signal konsequent und genau zu unterscheiden und zu handeln.

Sie merken: So einfach ist das gar nicht mit der Definition, es gibt so viele Möglichkeiten.
Eine alltagstaugliche Definition könnte sein: Der Hund geht im Radius der Leine mit seinem Besitzer mit, Interesse an der Umwelt ist erlaubt, aber nicht stehen bleiben und schon gar nicht Pipi oder Häufchen machen.

Das Auflösesignal – wichtig, aber oft vergessen

Im Alltag passiert es immer wieder, dass wir unserem Hund das Signal zum Gehen an lockerer Leine geben, der Hund aber diese Handlung von sich aus beendet und mehr oder weniger intensiv in eine für ihn interessante Richtung strebt. Ist das Ziehen nicht allzu störend, sind wir oft nachlässig und lassen ihn gewähren. Manchmal bemerken wir es erst dann, wenn er »plötzlich« am Straßenrand schnüffelt. Er wird daraufhin zurechtgewiesen und erneut zum Mitgehen aufgefordert.

Damit das Gehen an lockerer Leine zuverlässig gelingt, ist es nötig, dass Sie nicht nur festlegen, wann Ihr Hund damit beginnen soll, neben Ihnen herzugehen, sondern auch, wann er damit aufhören kann. Sie bestimmen, je nach Situation, wie das Ende aussehen soll:

1. Das Ende von »Geh an lockerer Leine mit« könnte sein »Fuß« an der Leine, der Hund soll dicht an Ihre Seite kommen und aufmerksam mitgehen. Er bekommt dazu ein entsprechendes Signal von uns.

2. Es könnte auch dadurch beendet werden, dass der Hund abgeleint wird, Freilauf bekommt und dann machen darf, was er möchte.
Gut geeignet ist hier ein verbales Signal wie »frei«, »lauf«, »Ende« oder eine ähnliche Formulierung.

Wie wichtig ein bewusst eingesetztes Auflösesignal ist, zeigt ein Beispiel:
Vielleicht leinen Sie den Hund nach dem Gehen an lockerer Leine meist ab, um ihm Freilauf zu gewähren. Wenn Sie dazu jetzt nichts weiter sagen oder tun und ihm damit erlauben, sich frei zu bewegen und auch wegzurennen, wird der Klick am Halsband und das Entfernen der Leine für Ihren Hund ganz automatisch zum Signal für Freilauf. Wenn Sie aber ab und zu mal möchten, dass er nach dem Ableinen bei Ihnen bleibt und beispielsweise frei bei Fuß geht, dann kann diese Verknüpfung: Klick am Halsband = Freizeit, ein Problem sein.
Woher soll der Hund ahnen, was Sie möchten, Ihre Zeichen sind doch gleich! Also geben Sie von Anfang an bewusst ein Signal für »frei – du kannst machen, was du willst«, wenn Sie eine Übung beenden wollen.

3. Ende des korrekten Gehens kann aber auch bedeuten, dass der Hund zwar weiterhin an der Leine geführt wird, aber jetzt mehr Freiheit erhält. Dies ist beispielsweise erforderlich bei Hunden, die draußen ständig an der Leine geführt werden müssen, weil sie sonst weglaufen; wenn Leinenpflicht besteht oder bei läufigen Hündinnen, die in der Standhitze nicht freigelassen werden können. Auch diese Hunde müssen die Möglichkeit haben, sich ungestört lösen zu können oder mal an interessanten Stellen zu schnüffeln.

In diesem Fall brauchen Sie unbedingt eine ganz klare Unterscheidung zwischen Leinegehen und frei an der Leine. Wenn Sie ein verbales Signal für das Gehen an lockerer Leine verwenden, dann erlaubt ein verbales Auflösesignal dem Hund, der nicht von der Leine gelassen werden kann, jetzt auch mal zu ziehen, zu schnüffeln und seinen Bedürfnissen nachzugehen.

Wenn die Leine das Signal für die Leinenführigkeit Ihres Hundes ist, dann ist ein verbales Signal als Auflösesignal allerdings ungeeignet. Denn Leine (und damit Signal) bleiben ja bestehen, weil Sie den Hund nicht ableinen können. In diesem Fall könnten Sie Ihrem Hund erlauben zu schnüffeln oder sich zu lösen, in dem Sie den Leinenradius vergrößern und je nach Bedürfnis des Hundes stehen bleiben, langsamer werden oder ihm nachgehen.

Eine weitere Möglichkeit ist es hierfür eine andere Führhilfe, beispielsweise ein Geschirr, zu benützen. Dann könnte »Leine am Geschirr eingehakt« Freilauf bedeuten, dabei ist auch Ziehen erlaubt und »Leine am Halsband eingehakt« heißt, dass Ziehen nicht erlaubt ist.

Viele Hundebesitzer verbinden das verbale Auflösesignal ganz automatisch mit einer Handbewegung. Überprüfen Sie, auf welches dieser Signale Ihr Hund reagiert, indem Sie beispielsweise das verbale Signal weglassen und nur die Handbewegung verwenden oder umgekehrt.

Ungewollte oder unbewusst verwendete Signale

Viele Hundebesitzer neigen dazu, zu viel auf ihren Hund einzureden, vor allem in stressigen Situationen, oder wenn es nicht gleich funktioniert. Verschiedene Signale, die als Einzelsignal alle für den Hund eine bestimmte Bedeutung haben, werden dann gleichzeitig verwendet. Machen Sie sich dies doch einmal am Beispiel von »komm, lauf jetzt mit« bewusst: »Komm mit« soll das Signal sein fürs lockere Mitgehen, »lauf« ist vielleicht das Signal für den Freilauf. Ja, was jetzt???

Oder es werden für die gleiche Handlung immer mal wieder unterschiedliche Signale gegeben: Einmal heißt es »komm mit«, dann wieder »Arco, was hab ich gesagt«, oder »schön bei mir«.

Dazu kommt der oft unbewusste Einsatz von optischen Signalen wie ans Bein klopfen, Armbewegungen oder taktile Signale wie Leinenzug, Gewicht der längeren Leine oder Dauerspannung der Flexileine. Der Hund reagiert häufig auf die Kombination von akustischem und optischem oder taktilem Signal. Verwendet der Hundebesitzer dann nur einen Teil dieser Signalkombination, beispielsweise nur das verbale Signal, reagiert der Hund nicht mehr.

Beim Fußgehen wird von vielen Hundebesitzern oft unbewusst ein Leinenzug eingesetzt. Meist erfolgt dieser beim Losgehen, noch ehe das akustische Signal ertönt und der Hund überhaupt Gelegenheit hat, auf das verbale Signal zu reagieren.

Der Hund verknüpft dann den Leinenruck anstatt des akustischen Signals mit der Handlung.

Das könnte bedeuteten, er geht nur los, wenn er den Ruck am Halsband verspürt.

Ein Signal soll den Hund zu einer ganz bestimmten Handlung veranlassen. Voraussetzung dafür ist, dass:

der Hundebesitzer sich vorher überlegt hat, welches Signal er verwendet und was genau der Hund dann tun soll.

der Hund das Signal bewusst wahrnehmen kann.

immer das gleiche Signal für die gleiche Handlung verwendet wird.

Etwas zu tun muss sich lohnen für den Hund

Damit ein Hund zu einem bestimmten Zeitpunkt etwas tut, muss eine Motivation dazu vorhanden sein. Diese kann unterschiedlich stark ausgeprägt sein und wird beeinflusst von verschiedenen Faktoren, wie der Veranlagung des Hundes, der Situation, in der er sich gerade befindet oder seinem körperlichen Zustand. Ob der Hund etwas wiederholt, hängt davon ab, welche Erfahrungen er dabei gemacht hat, beispielsweise ob sich das Verhalten gelohnt hat oder ob er nicht zum gewünschten Erfolg gekommen ist.

Warum zieht er nur so an der Leine?

Viele Hundebesitzer fragen sich, warum ihr Hund heftig an der Leine zieht, obwohl es doch sichtlich unangenehm für ihn ist, es ihm wehtun muss und er kaum noch Luft bekommt?

Die Antwort ist recht einfach – weil es sich für ihn lohnt!

Aus welchen Gründen auch immer der Hund angefangen hat, an der Leine zu ziehen – er hat es vielleicht nie richtig erlernt, weil sein Besitzer nachlässig war oder eine unpassende Methode angewandt hat, vielleicht wollte der Hund einfach etwas für ihn Wichtiges erreichen, einen anderen Artgenossen zum Beispiel oder vor einer ihm unangenehmen Situation wegstreben – durch das Ziehen ist er immer mehr oder weniger schnell dahin gekommen, wo er hin wollte. Um genau zu sein: Es lag nicht im Sinne des Hundes, seinen Menschen an eine bestimmte Stelle zu ziehen. Er wäre auch ohne ihn dahin gegangen. Aber weil die Leine ihn mit dem Menschen verbindet, musste dieser eben mit.

Bei einem kleinen Hund wird das Ziehen an der Leine eher toleriert – aber auch er kommt zu seinem Ziel.

Ziehen lohnt sich – dieser kräftige Hund wird hier zu seinem erwünschten Ziel kommen.

Es hat sich also für ihn gelohnt, an der Leine zu ziehen, weil er dadurch zu der angestrebten Stelle kam oder eine größere Distanz zu einem für ihn bedrohlichen oder unangenehmen Reiz erreichen konnte. Wenn sich ein Verhalten, eine Handlung lohnt für den Hund, wird er es wieder zeigen.

Je nach Veranlagung nimmt ein Hund dabei einige Unannehmlichkeiten mit in Kauf. Diese wirken nun nicht immer gleich stark auf ihn ein, manchmal würgt ihn die Leine sehr, mal lockert sich der Druck etwas, ab und zu kommt er durch einen Blitzstart nach vorne sehr schnell voran, dann wieder hemmt ihn die Leine. Aber er kommt immer irgendwie voran. Dadurch lernt mancher Hund unter Umständen, dass er einfach noch heftiger ziehen, sich noch mehr ins Zeug legen muss, damit es sich irgendwann doch lohnt und er ans gewünschte Ziel kommt.

Der Schmerz wird deshalb toleriert, weil er weniger unangenehm ist, als es sich aus Hundesicht lohnt zu ziehen! Mit der Zeit tritt eine Gewöhnung ein und der Hund ist nach und nach bereit, immer heftigere Schmerzen oder Missempfindungen in Kauf zu nehmen.

> Ein Verhalten oder eine Handlung, die sich für den Hund lohnt, wird er wieder ausführen. Dies ist eine Grundregel, nach der Lernen bei allen Lebewesen funktioniert – nur fällt sie in diesem Fall nicht zu unseren Gunsten aus.

Die Logik aus dem oben Gesagten ist: Wenn der Hund nicht mehr an der Leine ziehen soll, darf sich dieses Ziehen für ihn nicht mehr lohnen. Ein Verhalten, das nicht mehr zum erwünschten Ziel führt, wird zunehmend unterlassen.

Das hört sich einfach und logisch an, ist es aber in der Praxis nicht. Denn es bedeutet: Der Hund darf keine Möglichkeit mehr erhalten, sein unerwünschtes Verhalten auszuführen. Was Sie dabei beachten müssen, um erfolgreich zu sein, beschreiben wir in den nächsten Kapiteln.

Das Ziehen an der Leine zu verbieten oder nicht mehr zuzulassen, reicht jedoch in manchen Situationen, wie zum Beispiel Begegnungen mit Artgenossen, nicht aus. Der Hund braucht eine Alternative, was er stattdessen tun soll. Deshalb arbeitet man in der Praxis häufig mit der Kombination: Unerwünschtes Verhalten unmöglich machen, aber dem Hund dafür eine lohnendere Alternative anbieten – erwünschtes Verhalten wird belohnt.

Gehen an lockerer Leine lohnt sich

Viele Dinge, die wir unseren Hunden beibringen möchten, sind für uns durchaus lohnend und erstrebenswert, aus der Sicht des Hundes lohnt es sich jedoch zunächst einmal überhaupt nicht. Auch beim Gehen an lockerer Leine sind wir in dieser Situation: Dem Hund ist es in vielen Fällen nicht unbedingt ein dringendes Bedürfnis nahe bei seinem Besitzer mitzugehen.

Wir müssen also dem Hund mitteilen, dass sich Mitgehen an lockerer Leine für ihn lohnt: Wir belohnen ihn für erwünschtes Verhalten und wollen ihm so ein angenehmes Gefühl vermitteln. Dazu ist es nötig, eine Belohnung zu finden, die der Hund auch als angenehm und lohnend empfindet.

Was könnte eine gute Belohnung für Ihren Hund sein?

Viele Hunde finden Futterbelohnungen ganz prima und ein besonders feines Leckerchen kann eine ganz besondere Belohnung sein.

Zu beachten: Leckerchen lassen sich zwar gut mitnehmen und dosieren, es ist aber nicht ganz so einfach, sie im richtigen Moment zu geben.

Geben Sie ein zu großes Leckerchen, so ist der Hund zu sehr mit Kauen beschäftigt, er wird dazu vielleicht stehen bleiben oder gar Krümel verlieren, die er dann aufsammeln will. Besser sind hier kleine Leckerchen, die der Hund mit einem Bissen zu sich nehmen kann. Gut geeignet sind kleine Käse- oder Wurststückchen oder Katzentrockenfutter.

Ähnlich könnten Sie auch mit einem passenden Spielzeug verfahren, welches der Hund dann als Belohnung für eine gelungene Übung bekommt.

Im Gegensatz zur Futterbelohnung, bei dem nach dem Lob eine Übung weitergeführt werden kann, ist nach dem Spiel mit dem Lieblingsspielzeug eine Übung zu Ende, denn Sie können nicht aus dem wilden Spiel mit dem Bällchen wieder nahtlos in die Fußgehübung zurückkehren. So ist das Spielzeug eher für die Belohnung unmittelbar danach und das Leckerchen für eine zeitgleiche Belohnung geeignet.

Freut sich Ihr Hund über Ihr verbales Lob und Ihre freundliche Stimme, ist das auch nicht schlecht, die Stimme haben Sie immer mit dabei.

Zu beachten: Zu tolles verbales Lob lässt ihn vielleicht hochspringen und sich zu ausge-

Lobwort und Leckerchen sind Belohnung für diesen Hund.

lassen freuen, vielleicht sogar fröhlich an der Leine hüpfen – und schon wieder müssten Sie korrigieren. Wenn das Lob ständig in einen ganzen Redeschwall eingebettet wird und Sie auch sonst ununterbrochen auf den Hund einreden, verliert es an Bedeutung.

Sinnvoll wäre es, ein besonderes Lobwort zu verwenden und dies gezielt einzusetzen. Das Lobwort unterscheidet sich vom normalen

verbalen Loben dadurch, dass dafür immer das gleiche Wort verwendet wird. Das Wort als solches hat zunächst keinerlei Bedeutung für den Hund. Damit er die positive Bedeutung dieses besonderen Lobworts, wie »prima«, »super« o. Ä. erlernen kann, verbindet man es in einem extra Lernschritt immer mit einem Leckerchen. Zunehmend empfindet dann der Hund beim Ertönen des Lobwortes ein angenehmes Gefühl.

Beim Üben können Sie das Lobwort zunächst zusammen mit einem Leckerchen einsetzen, der Hund lernt, Ihr »prima« bedeutet, dass er seine Aufgabe gut gemacht hat. Zunehmend können Sie dann das Leckerchen immer mehr reduzieren, bis Sie nur noch das Lobwort sagen. Wichtig ist, dass Sie es zwischendurch immer mai wieder (beim einen Hund öfter und beim anderen weniger oft) mit einer Futterbelohnung verstärken, sonst wird die Konditionierung gelöscht.

Ein Vorteil des Lobwortes ist: Es lässt sich auch im Gehen zeitgenau im richtigen Moment einsetzen.

Das Clickertraining basiert auf dem gleichen Prinzip. Auch hat der Clicker den Vorteil, dass Sie den Hund zum genau richtigen Zeitpunkt belohnen können. Um den Clicker wirklich gut und wirkungsvoll einzusetzen, sollten Sie sich mit der entsprechenden Fachliteratur vertraut machen.

Körperkontakt wie Streicheln, Kraulen usw. ist für einige Hunde ebenfalls als Lob geeignet. Hierbei ist es besonders wichtig, auszuprobieren, was der Hund gerne hat und vor allem in welcher Dosierung. Mancher Hund weicht beim wohlgemeinten Tätscheln seines Menschen erschrocken oder belästigt zur Seite aus, zieht dadurch vielleicht an der Leine oder verlässt die vorgegebene Fußgehposition, weil ihn das körperliche Lob irritiert. Ein leichtes Kraulen am Ohr hingegen finden viele Hunde sehr angenehm.

> Es ist wichtig, eine Belohnungsform zu finden, die dem Hund ein angenehmes Gefühl vermittelt, ihn aber nicht so sehr aufputscht, dass er sich nicht mehr auf seine eigentliche Aufgabe konzentrieren kann.

Belohnen und nicht bestechen

Haben Sie schon einmal über den Unterschied zwischen Belohnung und Bestechung nachgedacht?

Bestechung

Sie halten dem Hund etwas Tolles (Leckerchen, Spielzeug) vor die Nase oder geben es ihm in der Hoffnung, dass er das so interessant findet, deswegen mit Ihnen mitgeht und die Ablenkung nicht beachtet.

Es gibt jedoch genügend Situationen, in denen der Hund eine Ablenkung interessanter findet, als die Bestechung, mit der Sie ihn locken wollen. Er beachtet das Lockmittel deshalb überhaupt nicht und zieht gleich in Richtung Ablenkung oder er frisst zwar das Leckerchen, will aber trotzdem anschließend zum Gegenüber.

In überraschenden oder kritischen Situationen kann eine Bestechung durchaus hilfreich sein, um den Hund daran »vorbei zu locken«. Auch zu Beginn einer neuen Übung kann ein Lockmittel helfen, den Hund zum gewünschten Verhalten zu bringen.

Achtung, Falle!

Unter Umständen belohnen Sie mit der Bestechung Ihren Hund für das Interesse an anderen Dingen. Ein Beispiel: Ihr Hund sieht einen anderen Hund und ist sehr interessiert an ihm, er kann kaum mehr wegschauen. Sie wollen ihn mit einem Leckerchen zum Weitergehen bewegen, er nimmt das Futter, ist aber währenddessen noch ganz auf den anderen Hund fixiert. Und wofür wird er dann belohnt? Für sein Interesse am anderen Hund!

Belohnung

Eine Belohnung bekommt der Hund erst, nachdem er das gewünschte Verhalten gezeigt hat. Er geht beispielsweise an lockerer Leine mit Ihnen am Gegenüber vorbei, schaut Sie vielleicht dabei auch an. Erst, wenn Sie den anderen passiert haben und Ihr Hund sich auch nicht nach ihm umwendet, bekommt er für das willige Mitgehen seine Belohnung.

Für eine Belohnung zu arbeiten ist ein Lernprozess und funktioniert nur dann, wenn es ausreichend oft geübt wurde und – zumindest zu Beginn des Übens – die Ablenkung nicht zu groß und die Belohnung auch wirklich attraktiv und spannend ist. Ehe Sie also eine aufregende Begegnung meistern, sollte Ihr Hund bereits ge-

Die Besitzerin versucht ihren Hund mit einem Leckerchen zu bestechen, um das gewünschte Verhalten zu erreichen.

lernt haben, dass er für das Gehen an lockerer Leine neben Ihnen, eine Belohnung erwarten kann – den Lohn für gute Arbeit sozusagen. Überprüfen Sie dabei auch Ihr Timing und Ihre Geschicklichkeit. Schon Kleinigkeiten können ausreichen, um eine andere Wirkung erzielen. Das Leckerchen, welches Sie als Belohnung vorgesehen, aber zu früh aus der Tasche gezogen haben, wird auf einmal zur Bestechung.

Der dunkle Hund wird durch ein Lobwort belohnt, während er das erwünschte Verhalten zeigt.

Verknüpfung von Signal und Handlung

Sie haben ein passendes Signal ausgewählt und wissen auch ganz genau, was Ihr Hund daraufhin tun soll. Außerdem haben Sie eine für Ihren Hund attraktive Belohnung parat – jetzt muss es doch funktionieren. Aber leider weiß Ihr Hund immer noch nicht genau, was Sie von ihm möchten. Es fehlt noch ein entscheidender Faktor, nämlich das richtige Timing.

Damit der Hund beim Erlernen einer neuen Übung die richtigen Verknüpfungen herstellen und das gegebene Signal und seine dazugehörende Handlung miteinander in Verbindung bringen kann, müssen bestimmte zeitliche Vorgaben eingehalten werden. Das Signal, welches ein ganz bestimmtes Verhalten auslösen soll, muss in der Lernphase immer genau dann erfolgen, wenn der Hund damit beginnt, das Richtige zu tun.

Ein Beispiel für eine »eigentlich« perfekt gelernte Verknüpfung – die Sie selbst so aber überhaupt nicht haben wollten:
Ihr Hund zieht heftig an der Leine und befindet sich deshalb irgendwo vor Ihnen, auf alle Fälle nicht an der von Ihnen gewünschten Position. Sie versuchen dagegen anzuziehen und begleiten diese Handlung mit einem ständigen »Fuß, Fuuß, Fuuuß«.

Wie sieht es hier mit den Verknüpfungen aus? Ihr Hund könnte, wenn dies häufig so passiert, zuverlässig miteinander in Verbindung bringen: Mehr oder weniger heftig ziehen, die Zunge heraushängen, vor dem Besitzer gehen, das alles bedeutet für ihn: »Fuß«.

Auch bei Belohnungen gilt: Der Hund muss wissen, wann er etwas richtig gemacht hat. Dazu muss sich das angenehme Gefühl, welches wir ihm mit einer Belohnung vermitteln möchten, während oder unmittelbar nach der gezeigten Handlung einstellen. Deshalb wird beim Erlernen einer Übung das richtige Verhalten (oder der Ansatz dazu) jedes Mal belohnt und zwar entweder zeitgleich zur richtigen Ausführung oder unmittelbar (höchstens 1 Sekunde) nach dem das gewünschte Verhalten gezeigt wird.

Ein Hund lernt, indem er verschiedene Dinge, die zeitgleich oder unmittelbar aufeinander folgend geschehen, miteinander in Verbindung bringt.
Das passende Timing ist mitentscheidend für den Erfolg. Schon ein Zeitunterschied von wenigen Sekunden reicht aus, damit der Hund beispielsweise sein Verhalten und Ihre Reaktion darauf nicht mehr miteinander in Zusammenhang bringen kann.

Manchmal zieht er halt ein bisschen ...

Manchen Hundebesitzern gelingt es sehr gut, Entschuldigungen dafür zu finden, warum ihr Hund an der Leine zieht. Er ist gerade nicht ausgelastet, in der Nachbarschaft wohnt eine läufige Hündin, auf der Wiese wartet sein Hundekumpan, man selbst ist müde oder hat einen anstrengenden Arbeitstag hinter sich usw. Natürlich können diese Umstände das Training erschweren, doch sollten sie nicht ständig als Ausrede dafür herhalten, dass es mit der Leinenführigkeit nicht so recht klappen will.

Ihr Hund bemerkt schnell, ob die aufgestellten Regeln immer gelten oder nur ab und zu. Wenn Sie unaufmerksam, abgelenkt und nicht konsequent sind, dann können Sie auch nicht von Ihrem Hund erwarten, dass er in jeder Situation zuverlässig an lockerer Leine mitgeht. Genau wie Sie wird er mal so und mal so agieren.

Woher soll er denn auch wissen, dass es Ihnen gerade in einer bestimmten Situation besonders wichtig ist?

Konsequenz in jeder Lebenslage: Die Regeln gelten auch beim gemeinsamen Spaziergang.

Ein Beispiel:
Sie üben mit Ihrem Hund auf einem Spaziergang in verschiedenen Situationen das Gehen an der Leine. Sie beide sind voll konzentriert bei der Sache und es gelingt Ihnen ganz prima am Komposthaufen vorbeizugehen, die im Acker sitzenden Krähen nicht zu beachten und die Leine bleibt auch locker, als ein Fahrradfahrer vorbeifährt. Sie sind voll zufrieden mit Ihrem Hund und loben ihn im passenden Moment.

Am nächsten Tag gehen Sie wieder mit angeleintem Hund und Freundin spazieren. Sie

sind ins Gespräch vertieft und beachten den Hund nur wenig. Er schnüffelt mal hier und mal da ein wenig, bekommt ab und zu einen Ruck an der Leine, wenn er zurückbleibt oder zu weit nach vorne zieht. Manchmal loben Sie ihn, wenn er brav neben Ihnen hergeht, dann wieder lassen Sie ihn einfach ziehen, weil es noch nicht so störend und Ihr Gespräch jetzt einfach interessanter ist.
Ab und zu läuft er auch viele Meter gut an lockerer Leine mit, ohne dass Sie es bemerken. Als Sie in die belebtere Straße einbiegen, korrigieren Sie den etwas ziehenden Hund mit strengem Tonfall.

Was soll Ihr Hund davon halten? Dinge, die Ihnen noch gestern wichtig waren, scheinen heute nicht mehr zu gelten. Wofür er gestern gelobt wurde, wird heute nicht bemerkt. Er reagiert darauf, indem er unzuverlässig arbeitet.

Ein gutes Team – entspannt und ohne Gewalt.

Konsequent sein bedeutet, auf eine bestimmte Handlung des Hundes immer und in jeder Situation gleich zu reagieren. Dies erfordert große Selbstdisziplin.
Ihre Konsequenz gibt dem Hund Sicherheit, er kann sich darauf verlassen, dass die Regeln auch gelten.
Er muss nicht unnötige Energie darauf verschwenden auszuprobieren, ob er Sie heute austricksen kann oder nicht und kann sich deshalb ganz auf die gewünschte Übung konzentrieren.

Verschiedene Wege führen ans Ziel

Es gibt immer verschiedene Möglichkeiten und Wege, einem Hund etwas beizubringen. Welchen Weg Sie für sich und Ihren Hund auswählen, kann Ihnen kein Buch abnehmen. Es hängt entscheidend von Ihrem Hund ab, seiner Art zu lernen, seinem Konzentrationsvermögen, seiner Veranlagung. Es gibt keine Methode, die immer und bei jedem Hund einheitlich funktioniert. Jeder Hund ist eine Persönlichkeit und muss als solche behandelt werden.

Überlegt, gewaltfrei und positiv bestärken

Es ist sinnvoll und fair dem Hund gegenüber, eine Ausbildungsmethode zu finden, bei der er verstehen kann, was wir von ihm möchten, sich dabei wohlfühlt und gerne mitarbeitet. Wenn Sie beispielsweise Ihren Hund belohnen, wenn er an lockerer Leine neben Ihnen geht, so wird er das als angenehm empfinden und deshalb motiviert sein, dieses Verhalten immer wieder oder auch immer länger zu zeigen.

Wir kennen einige Hundebesitzer, die es sehr bezweifeln, ob man mit dieser Vorgehensweise bei jedem Hund zum Ziel kommt. Es gibt viele, die uns entnervt erzählen, dass sie es schon über Monate mit lieben Worten und Leckerchen versuchen und ihr Hund ziehe sie immer noch über den Acker. Wir glauben ihnen, denn keine Methode funktioniert von sich aus als Grundprinzip.

Leider verwechseln viele Besitzer gewaltfrei erziehen und belohnen mit einfach nur nett sein zum Hund und viel entschuldigen, wenn es nicht funktioniert. Es bedeutet jedoch nicht, den Hund mit Futterbelohnungen zu überhäufen, in süßem Ton auf ihn einzureden und ihm in langen Sätzen zu erklären, weshalb wir dies oder jenes von ihm möchten. Mit einem Hund kann man nicht diskutieren und lange Erklärungen versteht er nicht.

Auch bei dieser Methode ist es notwendig, immer konsequent mit dem Hund umzugehen, darauf zu achten, dass das Timing stimmt und Nachlässigkeiten, die sich einschleichen, sofort zu registrieren und zu korrigieren.

Häufig funktioniert es auch deshalb nicht, weil das **Überlegen** ganz vergessen wird. Wir Menschen haben die Fähigkeit nachzudenken und können deshalb beispielsweise eine Übungssituation so gestalten, dass der Hund die Möglichkeit hat, das erwünschte Verhalten zu zeigen, oder wir können es ihm unmöglich machen, sein unerwünschtes Verhalten weiter auszuführen. Wir sind in der Lage, ihm ein Alternativverhalten beizubringen oder eine für ihn passende Belohnung auszuwählen.

Die Sache mit dem Leinenruck

Als Korrektur oder Bestrafung eines an der Leine ziehenden Hundes wird immer noch gerne der deutliche Ruck an der Leine empfohlen und angewandt. Nur bringt er häufig nicht das gewünschte Resultat.

Grundsätzlich gilt es zu überlegen: Ist es denn nötig, einem Hund bei der Erziehung großes Unbehagen und Schmerzen zuzumuten? Manche Hundebesitzer werden nun argumentieren: Wenn er im Dauerzug in der Leine hängt, dann hat er auch Unbehagen und Schmerzen und deshalb lieber kurz einen heftigen Leinenruck und es funktioniert. Sicher lassen sich viele Hunde durch diese Maßnahme kurzfristig beeindrucken. Erfolge auf lange Sicht sind eher selten zu beobachten, weil zum sicheren Erlernen einer Handlung mehr gehört als Strafen.

Natürlich gibt es Ausbilder, die bei der Anwendung des Leinenrucks perfekt sind, was bedeutet, dass Timing, Intensität, Konsequenz und Aufbau genau stimmen. Aber auch dann sollte diese Methode kritisch überdacht werden, auch im Hinblick auf gesundheitliche Beeinträchtigungen, die daraus entstehen können. Bei den meisten Hundebesitzern, die diese Methode empfohlen bekommen, stimmen jedoch weder Intensität noch Timing noch Konsequenz. Sie sind unsicher und versuchen halbherzig, einen Rat umzusetzen, deshalb rucken viele nur behutsam und ab und zu an der Leine, und ihr Hund gewöhnt sich daran, es ist für ihn auch nicht schlimmer als der Dauerzug. Manche Besitzer warten so lange, bis sie fast wütend sind, übertreiben dann die Einwirkung und der Hund »fliegt« durch die Gegend. Auch hierbei kann mancher Hund lernen, dass es ab und zu unangenehm wird, aber es zwischendurch immer mal wieder gelingt, dahin zu ziehen, wohin er möchte. Es kann auch durchaus sein, dass der Hund den korrigierenden Leinenruck gar nicht mit seinem Ziehen in Verbindung bringt. Die heftige Einwirkung verunsichert ihn, er erkennt jedoch nicht, was er hätte anders machen sollen und gerät dadurch erheblich unter Stress. Ein Leinenruck ist vor allem dann nicht akzeptabel, wenn er dem Hund nur weh tut, ohne dabei an das gewünschte Trainingsziel zu führen.

Wie sinnvoll sind Strafen?

Sie sollten den Einsatz von Bestrafungen besonders sorgfältig abwägen. Sehr häufig versucht der Hund, die für ihn unangenehme Situation, wie den Leinenruck zu vermeiden, er wird vielleicht ausweichen, hinterherschleichen oder die Nackenmuskeln steif machen und erst recht ziehen. Trotzdem kann er das von Ihnen gewünschte Verhalten nicht zeigen, weil er nicht wirklich versteht, was von ihm gefordert wird. Außerdem ist die Gefahr recht groß, dass Ihr Hund die Strafeinwirkung nicht mit seinem Ziehen in Verbindung bringt, sondern mit etwas völlig anderem verknüpft, beispielsweise dem Auftauchen einer anderen Person, einer bestimmten Situation oder mit einer Körperbewegung von Ihnen.

Unsicherheit, Angst, Hektik oder auch aggressives Verhalten können die Folge sein.

Wenn Sie ein unerwünschtes Verhalten Ihres Hundes – in diesem Fall das Ziehen an der Leine – durch Bestrafung korrigieren möchten, so müssen Sie dieses Verhalten immer und zwar bereits im Ansatz bestrafen. Sie dürfen nicht erst dann reagieren, wenn der Hund schon eine ganze Weile an der Leine gezogen hat. Sind Sie so konsequent?
Denn wenn dies nicht geschieht, so ist es für den Hund eher eine Aufforderung, sein Glück aufs Neue zu versuchen, nach dem Motto: Vielleicht klappt es ja mal wieder.
Wenn Sie dann aber die Strafeinwirkung ständig wiederholen und dabei sogar noch ihre Intensität steigern müssen, dann war sie nicht wirkungsvoll und der Hund gewöhnt sich daran.

Beim Einsatz von Strafen sind in der Regel Hilfsmittel nötig. Die meisten Hunde verknüpfen sehr schnell die Anwesenheit der Hilfsmittel mit der Strafe. Sie gehen nur dann ordentlich an lockerer Leine mit, wenn Sie beispielsweise ein Stöckchen mitführen, mit dem Sie immer vor der Hundenase herumwedeln.

Auch beim Leinenruck – wozu Sie keine weiteren Hilfsmittel benötigen, kommt es zu Fehlverknüpfungen. Damit Sie richtig an der Leine rucken können, muss diese zuvor erst mal locker sein. Sie versuchen also kurz mal Leine nachzugeben. Der an gespannter Leine gehende Hund verspürt dieses Nachgeben, geht für Sekunden an lockerer Leine – was Sie ja eigentlich wollen – und dann kommt der Ruck. Was lernt er daraus? Auf das erwünschte Verhalten folgt die Strafe.

Machen Sie sich auch bewusst: Einige der im Handel angebotenen »sanften« Erziehungshilfen funktionieren rein nur über das Schmerzprinzip. Sie ziehen sich zusammen, drücken auf ein Nervengeflecht, engen ein oder würgen, wenn der Hund an der Leine zieht. Sie würden vielleicht auch langsamer gehen, wenn man Ihnen die Luft abschnürt oder Sie in den Bauch zwickt.

Mit Strafen können Sie ein unerwünschtes Verhalten Ihres Hundes zwar unterdrücken, der Hund lernt dadurch aber nicht automatisch, sich richtig zu verhalten. Strafen passend einzusetzen ist sehr schwierig und führt deshalb in vielen Fällen zu Fehlverknüpfungen, Stress und Hilflosigkeit.

Gehorsam unter Zwang und Druck birgt immer die Gefahr, dass der Hund sich zu entziehen versucht, sobald er sich außerhalb des Einflussbereiches seines Erziehers wähnt.

Außerdem – Gewalt fängt da an, wo Wissen endet!

Der Spaziergang beginnt daheim

2

- Vorüberlegungen
- Ausrüstung
- Körpersprache des Menschen
- Die passende Trainingssituation
- Leinenführigkeit gelingt leichter mit einem aufmerksamen Hund

Vorüberlegungen

Solange der Hund noch nicht perfekt an der Leine laufen kann, stellt sich für viele Hundebesitzer die berechtigte Frage:

> Was mache ich, wenn ich von A nach B möchte und mein Hund noch nicht für eine längere Strecke zuverlässig an lockerer Leine geht?
>
> Was tun, wenn ich auf einem Spaziergang nicht nur üben, sondern einfach nur spazieren gehen möchte?

Ideal wäre, wenn Sie von Anfang an immer konsequent sind und ein Ziehen nie (!) zulassen. Das setzt jedoch sehr viel Aufmerksamkeit und Konzentration voraus, außerdem braucht dann der Hund die Möglichkeit zum Freilauf.

Wenn Sie in einem Wohnumfeld leben, das es erlaubt den Hund ohne Gefahr für sich und andere schon ab der Haustüre frei laufen zu lassen, ist es evtl. möglich, vor allem den Welpen oder Junghund ganz gezielt nur zu den Übungen anzuleinen. Doch so ideal wohnen nur wenige. Nebenbei bemerkt, auch ein ideales Wohnumfeld hat Nachteile.

Es verleitet dazu, den Hund überwiegend frei laufen zu lassen und die Leinenführigkeit zu vernachlässigen. Manche Hunde haben dadurch zu wenig Übungsmöglichkeit, sie sind es nicht gewohnt und empfinden dann häufig das Gehen an der Leine als Beschränkung ihrer Freiheit.

In der Praxis könnten Sie mit folgenden Kompromissen leben:

> Sie verwenden Geschirr und Leine für Situationen, in denen der Hund »frei« hat, für das Üben der Leinenführigkeit wird die Leine am Halsband eingehakt.
>
> Sie trainieren mit dem Hund sehr deutlich die Unterscheidung der Signale »geh an lockerer Leine mit« und »frei an der Leine« und verwenden dann diese Signale sehr bewusst.

»Frei« an Geschirr und langer Leine.

Ausrüstung

Ob ein Hund am Geschirr oder Halsband geführt wird, ist schon fast eine Weltanschauung. Wir möchten uns hier auf ganz praktische Überlegungen beschränken.

Halsband

Das Halsband spürt der Hund an der Halswirbelsäule bzw. am Kehlkopf. Es ist deshalb außerordentlich wichtig, dass Sie ein weiches, gut gepolstertes Halsband verwenden, das breit genug ist und nicht einengt.

Es gibt Halsbänder aus unterschiedlichen Materialien. Ob Sie beispielsweise Leder oder Nylon auswählen, bleibt Ihrem persönlichen Geschmack überlassen. Halsbänder aus Metallketten sind aus verschiedenen Gründen nicht so gut geeignet:

Kettenhalsbänder haben in der Regel keinen Stopp, das bedeutet, sie ziehen sich endlos zu und würgen den Hund. Je nach Größe der Kettenglieder drücken diese beim Zusammenziehen mehr oder weniger stark in das Halsgewebe und können so zu Verletzungen führen. Zusätzlich scheuern sie am Fell, verfärben helles Fell dunkler und lange Haare können abbrechen.

Abzulehnen sind sehr dünne, weil einschneidende, Halsbänder, Halsbänder ohne Stopp, die sich endlos zuziehen und Stachelhalsbänder (in CH gesetzlich verboten).

Geschirr

Manchmal muss man je nach Hundeanatomie etwas probieren, bis man ein Geschirr gefunden hat, das von der Verarbeitung und Passform her gut für den Hund geeignet ist. Es sollte weder zu lose noch zu eng anliegen und darf an keiner Stelle scheuern oder drücken, vor allem nicht in den empfindlichen Achselbeugen.

Manche Hunde fühlen sich mit einem Geschirr deutlich wohler als am Halsband. Vor allem bei Hunden mit Wirbelsäulenproblematik oder Erkrankungen im Halsbereich ist ein Geschirr sehr sinnvoll.

Am Geschirr lässt sich ein Hund allerdings etwas schlechter lenken, die Hebelwirkung ist eine ganz andere als am Halsband, weil die Öse für die Leine in Höhe der Schulterblätter oder am Rücken sitzt. Nur auf den ersten Blick ist dies ein Nachteil, denn gerade, weil der Hund nicht mit Gewalt am Halsband ausgebremst werden kann, arbeiten Besitzer, die ein Geschirr verwenden, viel mehr mit ihrer eigenen Körpersprache und achten vermehrt auf ihr Timing und ihre Aktionen.

Auch für Geschirre gilt: Abzulehnen sind so genannte Erziehungsgeschirre, die dem Hund Unbehagen oder Schmerzen verursachen, wenn er zieht.

Leine

Zum Üben brauchen Sie eine Leine, die Ihnen gut in der Hand liegt und eine zu Ihrer Körpergröße und Ihrem Hund passende Länge hat. Ist die Leine zu lang, wird das Handling schwer, weil man sich gerne in die Leine verwickelt oder das zu lange Leinenende ständig vor dem Hundekopf hin und her schwingt. Eine zu kurze Leine lässt kaum Spielraum und ist schon gespannt, wenn Sie nur eine ungeschickte Körperbewegung machen.

Für den Freilauf an der Leine benötigen Sie eine etwas längere Leine.

Erziehungshilfen

Eine Sonderform eines Erziehungshalsbands ist das Halti (auch Kopfhalfter genannt). Es kann eingesetzt werden, um große, kräftige Hunde, denen Sie körperlich nicht gewachsen sind zu halten. In erster Linie dient es jedoch dazu, den Blickkontakt zum Gegenüber zu unterbrechen und die Aufmerksamkeit eines leicht ablenkbaren Hundes auf den Besitzer zu fördern.

Ein Kopfhalfter sollte nur dann getragen werden, wenn der Hund an der Leine ist. Im Freilauf könnte er damit irgendwo hängen bleiben oder sich sehr schnell angewöhnen, wie er das Halfter abstreifen kann.

Viele Hunde müssen zunächst an das Anlegen und Tragen des Haltis gewöhnt werden, ehe es beim Üben verwendet werden kann:
Lassen Sie Ihren Hund in Ruhe am Halti schnuppern, auf keinen Fall dürfen Sie es ihm einfach überstülpen. In einem nächsten Schritt halten Sie die Schlaufe, die über den Fang des Hundes gelegt wird offen und motivieren Ihren Hund mit einem Leckerchen, seine Nase durch die Schlaufe zu stecken. Dieser Vorgang wird einige Male wiederholt und der Hund jedes Mal dafür belohnt. Steckt der Hund seinen Fang schon ganz entspannt und in Erwartung des Leckerchens durch die Schlaufe, können Sie das Halfter fertig anziehen und im Nacken schließen. Natürlich wird der Hund auch dafür wieder belohnt und anfangs ziehen Sie ihm das Halti nach wenigen Sekunden schon wieder aus.

Führen am Kopfhalfter

Erst, wenn der Hund das Tragen des Haltis toleriert, können Sie damit beginnen, ihn daran zu führen. Ideal ist es, wenn Sie den korrekten Gebrauch des Halfters mit einem haltierfahrenen Trainer einüben, weil die richtige Handhabung einige Übung voraussetzt.
Zusätzlich zum Halti trägt der Hund ein Halsband oder Brustgeschirr. Verwenden Sie eine Leine mit zwei Karabinern – einer wird an Geschirr/Halsband eingehakt, der andere am Halfter. Der Hund kann dadurch weiter normal geführt werden, die Haltileine wird nur bei Bedarf eingesetzt. Zieht der Hund jetzt an der Führleine oder fixiert beispielsweise einen entgegenkommenden Artgenossen, können Sie durch einen behutsamen, aber gleich bleibenden Zug an der Haltileine den Hundekopf – und damit auch den ganzen Hund nach rechts oder links aus der Gehrichtung lenken. Auf keinen Fall darf am Halti ein Leinenruck erfolgen. Folgt der Hund dieser Wendung und schaut Sie vielleicht dabei sogar an, wird er sofort belohnt.
Richtig eingesetzt, kann ein Kopfhalfter bei vielen Hunden helfen, aber es ist kein Zaubermittel.

Körpersprache des Menschen

Früher war es auf Hundeplätzen üblich, im Paradeschritt zu gehen, Wendungen wurden mit militärischer Genauigkeit ausgeführt, Kommandos im Befehlston gegeben. Heute möchten viele Hundebesitzer diesen Ton nicht mehr, sondern einen freundschaftlichen, eher partnerschaftlichen Umgang mit dem Hund pflegen. Dennoch sollte man sich darüber im Klaren sein, dass eine exakte und genaue Körpersprache beim Stehen bleiben und in der Bewegung durchaus Sinn macht.

Wenn Sie nicht wissen, wohin Sie wollen, wieso sollte Ihr Hund Ihnen dann folgen? (und daher war das mit der militärischen Genauigkeit vielleicht gar nicht mal so schlecht ...).

Eine einfache Übung

Gehen Sie doch mal geradeaus! Üben Sie das, auch wenn es Ihnen lächerlich vorkommt, erst einmal ohne Hund und suchen Sie sich eine Beobachtungsperson, die Ihnen Feedback geben kann. Ihr Beobachter schaut, am besten von hinten, nach Ihrer Haltung, Ihren Bewegungen und danach, wo Sie »landen«.

So einfach scheint das gar nicht zu sein. Die wenigsten Menschen gehen wirklich geradeaus, wenn Sie sich nicht an irgendeiner Orientierung festhalten können. Ein Orientierungspunkt wäre ein Zaunpfosten oder Baum, auf den Sie geradewegs zumarschieren oder die Linien einer Straßenmarkierung.

Versuchen Sie jetzt dieselbe Übung mit Hund und wieder einem Beobachter im Hintergrund. Geht es Ihnen wie vielen anderen Hundebesitzern auch? Die meisten führen ihren Hund an der linken Seite, schauen häufig zu ihm herunter, wenden sich dabei oft mit dem ganzen Körper dem Hund zu und achten nicht mehr darauf, wohin sie gehen. Deshalb landen sie dann beim Geradeausgehen fast automatisch irgendwo links von dem Punkt, an dem sie eigentlich ankommen wollten.

Aber: Wir wollen doch, dass der Hund uns folgt und nicht wir dem Hund! Also: Sie gehen geradeaus (wirklich!) und der Hund geht mit Ihnen mit. Wenn Sie ein Ziel mit den Augen fixieren, wird Ihre Körperhaltung von alleine gerade, der Kopf geht nach oben, der Blick nach vorne und Sie achten nicht mehr so viel auf Ihren Hund an der linken Seite.

Ähnliches gilt für das Stehen bleiben: Wenn Sie anhalten wollen, halten Sie auch wirklich! Viele Hundebesitzer bleiben nicht schlagartig stehen, sondern werden zunächst einmal langsamer, gehen noch ein paar Schritte und dann erst bleiben sie stehen. Gehen Sie einmal zur Übung ohne Hund vorwärts, geben Sie sich selbst im Stillen das Signal »Halt« und bleiben dann aber auch wirklich stehen. Keinen Schritt weiter! Und wenn Sie wieder loslaufen: Im flotten Tempo ab dem ersten Schritt! Nicht erst in Gang kommen ...

Versuchen Sie ein gemeinsames Lauftempo zu finden. Für die meisten Hunde ist das mensch-

Gezieltes Gehen erleichtert dem Hund das Mitgehen.

liche Lauftempo etwas zu langsam, sie würden sich gerne schneller bewegen.

Das bedeutet nun nicht, dass Sie im Laufschritt eilen müssen, Ihr Hund kann zunehmend ler-

nen, auch langsam neben Ihnen herzugehen. Zu Beginn des Trainings hilft es jedoch, wenn Sie bei manchen Hunden etwas zügiger gehen.

Die passende Trainingssituation

Wann und wo Sie mit Ihrem Hund üben, kann entscheidend dafür sein, ob Sie Ihr Trainingsziel erreichen. Die Übungsbedingungen sollten so gestaltet sein, dass der Hund Ihre Anweisungen zum richtigen Zeitpunkt bewusst wahrnehmen kann und er sich im Trainingsumfeld wohlfühlt.

Mentale Voraussetzungen

Mentale Einstimmung gehört heute im Sport zum Training und zum Wettkampf. Wir wollen mit unserem Hund keinen Hochleistungssport betreiben, trotzdem darf beim Üben nicht außer Acht gelassen werden, in welcher physischen und psychischen Situation sich Hund und Mensch gerade befinden.

Auch Hunde haben Tage, an denen sie nicht so belastbar sind. Vielleicht gibt es Tageszeiten, an denen der Hund sonst schläft und nun wollen Sie mit ihm plötzlich einen anstrengenden Lerngang durch die Stadt machen? Oder der Hund reagiert auf eine Veränderung in Ihrer Familie.

Wenn der Erregungszustand des Hundes durch übermäßige Freude, Erwartungshaltung oder Stress zu hoch ist, beeinträchtig dies seine Wahrnehmungs- und Lernfähigkeit.

Beispiele:

Ihr Hund war lange in der Wohnung und muss sich nun ganz dringend lösen. Jetzt werden Sie ihn nur schwer dazu bringen, an lockerer Leine aus dem Haus zu gehen. In diesem Fall sollten Sie auf dem Weg zum Löseplatz möglichst keine Leinenführigkeit verlangen, denn er wird aller Wahrscheinlichkeit nach dorthin ziehen. Wenn Sie ihn dann gewähren lassen, weil Sie ihm gegenüber ein schlechtes Gewissen haben und sein Drängen entschuldigen, lernt er, dass Ziehen in bestimmten Situationen doch immer mal möglich ist.

Oder der Hund war lange alleine und ist nun ganz aufgeregt in freudiger Erwartung eines Spaziergangs. Auch hier könnten Sie ihm zugestehen, zunächst die Anspannung los zu werden. Wenn er dann ein paar Meter entspannt gegangen ist und sich vielleicht auch gelöst hat, kann man mit dem Üben anfangen.

Ist Ihr Hund allerdings immer ganz aufgeregt und kaum zu kontrollieren, wenn Sie nur die Schuhe anziehen und die Leine vom Haken nehmen, sollten Sie mit ihm zunächst das ruhige Abwarten, Anleinen und Aus-dem-Haus-Gehen üben. Dabei ist es wichtig, dass Sie selbst sehr ruhig und gelassen agieren und sich nicht durch das Herumhüpfen und Jaulen des Hundes irritieren lassen. Beginnen Sie mit dem Üben nicht gerade dann, wenn der Hund dringend muss oder Sie nur wenig Zeit haben:

- Ziehen Sie Schuhe/Jacke an und wieder aus und setzen sich in aller Ruhe und ohne den Hund weiter zu beachten wieder an den Küchentisch. Nach einigen Minuten des Wartens, versuchen Sie es erneut.

- Lassen Sie den Hund in der Diele absitzen oder Platz machen, während Sie sich zum Spaziergang fertig machen. Bleibt er ruhig, wird er gelobt.

Bedeutet dieser Weg zu viel Ablenkung für meinen Hund?

- Gehen Sie mit dem angeleinten Hund eine Runde durchs Haus und dann erst zur Türe hinaus.

- Üben Sie mit dem angeleinten Hund kleine Runden durch Haus, Flur oder Garten ohne wirklich spazieren zu gehen.

Übungspläne

Für das Training ist es hilfreich, sich bereits vor dem Spaziergang Gedanken darüber zu machen, was und wo Sie heute üben wollen und was Ihnen dabei begegnen könnte.

Üben Sie die Leinenführigkeit zunächst in einem ruhigen, ablenkungsfreien Umfeld. Wie wenig Ablenkung Hund und Mensch benötigen, um konzentriert arbeiten zu können, ist sehr unterschiedlich. Bei manchen Hunden

genügt eine kleine Bewegung im Gras, ein Vogelzwitschern und schon sind sie abgelenkt. Erst wenn der Hund in ablenkungsarmer Umgebung zuverlässig an lockerer Leine geht, können die Ablenkungen stufenweise gesteigert werden.

Weitere »alltagstaugliche« Überlegungen könnten sein:

Welchen Weg nehme ich heute, was wird mir dabei vielleicht begegnen? Welche dieser Situationen kann mein Hund schon meistern, ohne zu ziehen?

Was kann er noch nicht und wie helfe ich ihm dann? In welchen dieser Situationen übe ich an der Leinenführigkeit und in welchen hat er frei an der Leine, weil er sie noch nicht bewältigen kann?

Wird der Nachbarshund wieder im Garten bellen, wenn ich vorbei gehe (heute ist schönes Wetter, also wird er wohl draußen sein – oder: heute regnet es, da ist er im Haus)? Wenn dies für meinen Hund eine zu große Ablenkung bedeutet, nehme ich heute einen anderen Weg …

Zu welcher Uhrzeit bin ich unterwegs? Am Nachmittag fahren vermehrt Autos und am Vormittag sind viele Kinder unterwegs.

Was mache ich, wenn dies oder jenes passiert? Wenn beispielsweise der Hofhund wieder unangeleint in der Auffahrt liegt, gerate ich nicht in Panik, sondern …

Anleinen

Den Hund an die Leine zu nehmen, ist für Hundebesitzer so normal, dass man sich selten Gedanken darüber macht.

Manchen Hunden ist der Griff an das Halsband unangenehm. Sei es, weil sie schlechte Erfahrungen damit gemacht haben, weil sie es als Drohgeste des Menschen auffassen, der sich über sie beugt oder weil sie einfach unsicher sind.

Achten Sie beim Anleinen darauf, dass Sie sich dabei nicht über den Hund beugen oder ihn am Halsband zu sich heranzerren. Bei sehr unsicheren Hunden von der Seite her anleinen oder zuerst in die Hocke gehen und den Hund

Über den Hund gebeugte Haltung und die baumelnde Tasche verunsichern diesen Hund.

streicheln – und dabei den Hund nicht direkt anschauen.

Wenn Anleinen für den Hund immer das Ende der Freiheit bedeutet, wird er unter Umständen nicht mehr so gerne zurückkommen zum Anleinen, er wird ausweichen oder zumindest in nicht so begeisterter Stimmung sein.

Anleinen darf niemals als Strafe verwendet werden. Natürlich können Sie Ihren nicht gehorchenden Hund aus Sicherheitsgründen an die Leine nehmen, aber Freiheitsentzug alleine wird das Erziehungsproblem nicht lösen. Damit Anleinen ganz selbstverständlich wird, und der Hund es nicht mit dem Ende seiner Freiheit verbindet:

Leinen Sie Ihren Hund beim Spaziergang immer mal wieder an, auch wenn es keine besondere Notwendigkeit dafür gibt.

Rufen Sie ihn draußen zu sich – loben fürs Herankommen nicht vergessen – leinen ihn kurz an, dann geben Sie ihn wieder frei.

Ab und zu könnten Sie nach Herrufen und Anleinen auch ganz konzentriert eine kleine Übung durchführen und danach den Hund wieder frei geben.

Üben Sie das Anleinen auch mal daheim und achten Sie dabei besonders auf ein ruhiges, entspanntes Verhalten Ihres Hundes. Er sollte weder ausweichen noch aufgeregt an Ihnen und der Leine hochspringen.

Leinenführigkeit gelingt leichter beim aufmerksamen Hund

Wenn der Hund gelernt hat, dass es für ihn lohnend und spannend sein kann, seine Aufmerksamkeit auf Sie zu richten, dann haben Sie nicht nur einen positiv gestimmten Hund, sondern Sie können auch besser mit ihm kommunizieren.Im Alltagsgebrauch ist es hilfreich, wenn der Hund auf ein Signal hin die Aufmerksamkeit auf seinen Menschen richtet. Ganz vorzüglich ist es, wenn er so trainiert ist, dass er dies auch bei Ablenkungen tut. Ein Hund, der mit Blickkontakt zu seinem Menschen an lockerer Leine am tobenden Artgenossen vorbeigeht, ist schon was ganz Tolles.

Die Übungen zur Konzentration und Aufmerksamkeit haben zunächst einmal nichts mit dem Gehen an lockerer Leine zu tun. Sie können auch völlig unabhängig davon trainiert werden.

Aufmerksam auf den Menschen

Mit einer einfachen Übung können Sie Ihrem Hund zeigen, dass es sich für ihn lohnt, wenn er von selbst auf die Idee kommt, Sie anzuschauen und aufmerksam auf Sie zu werden. Er muss Ihnen dabei nicht in die Augen schauen, aber seine Aufmerksamkeit ganz deutlich auf Sie richten.

Zuhause

Nimmt der Hund von sich aus Blickkontakt zu Ihnen auf, weil Sie beispielsweise ins Zimmer kommen oder er sitzt vor Ihnen und schaut Sie zufällig an, wird er sofort belohnt. Idealerweise mit Lobwort oder Clicker, weil damit Belohnen auch auf Entfernung möglich ist. Sie können

ihm jedoch auch sofort eine Futterbelohnung oder sein Spielzeug geben.

Unterwegs

Wählen Sie für die ersten Übungen ein Gelände, in dem der Hund weder sich noch andere gefährden kann. Leinen Sie ihn ab und gehen selbst ohne weitere Anweisungen an den Hund in normalem Tempo über die Wiese. Wechseln Sie dabei immer mal wieder die Richtung. Wird der Hund bei diesem Richtungswechsel auf Sie aufmerksam oder kommt sogar dicht zu Ihnen her, wird er gelobt (auf Entfernung geht das natürlich nur mit Stimme oder Clicker).

Aufmerksam folgt dieser kleine Hund seiner Besitzerin über die Wiese.

Diese Übung eignet sich auch als »Familienübung«. Gehen Sie in einer kleinen Gruppe über das Gelände, wichtig dabei ist, dass wirklich keiner weiter mit dem Hund redet und Sie alle dicht beisammenbleiben.

Fällt es dem Hund sehr schwer, auf Sie zu achten, können Sie etwas nachhelfen, in dem Sie seinen Aktionsradius begrenzen und ihn für diese Übung an die lange Leine nehmen. Sie könnten auch ab und zu plötzlich stehen bleiben, ohne etwas zu sagen und abwarten, bis der Hund sich nach Ihnen umwendet und Sie anschaut. Dafür wird er dann natürlich belohnt und Sie gehen wieder weiter.

> Achten Sie darauf, dass Sie den Hund nur belohnen, so lange er Sie anschaut. Schaut er bereits wieder weg, dann waren Sie zu langsam oder haben die Konzentrationsfähigkeit Ihres Hundes überschätzt.

Bei dieser Übung ist Ihre richtige Einschätzung der Situation sehr wichtig. Der Hund kann auch Blickkontakt aufnehmen, um seinen Menschen zu manipulieren und ihn zu einer bestimmten Handlung zu veranlassen. Benimmt er sich dabei sehr fordernd, indem er bellt, mit der Schnauze stupst, den Kopf auf den Schoß drückt oder mit der Pfote kratzt, so handelt es sich eher um eine etwas unverschämte Aufforderung, jetzt endlich zu reagieren.

Wird der Hund immer dann für den Blickkontakt belohnt, wenn er sich so fordernd verhält, so wird dieses unerwünschte, aufmerksamkeitsfordernde Verhalten verstärkt und belohnt.

Aufmerksam auf Signal – »Schau her«

Den meisten Hunden können wir beibringen, auf ein bestimmtes Signal hin den Blickkontakt mit dem Menschen aufzunehmen, die Aufmerksamkeit auf ihn zu richten und sich an ihm zu orientieren:

»Schau« ohne Ablenkung.

Aufbauend auf die vorhergegangene Aufmerksamkeitsübung, bei der Ihr Hund immer dann belohnt wurde, wenn er Blickkontakt aufgenommen hat, verwenden Sie jetzt im Moment der Blickaufnahme noch zusätzlich ein Hörzeichen wie »Schau« und geben ihm unmittelbar anschließend ein Leckerchen als Belohnung.

So kann er nach einigen Wiederholungen lernen, auf das Hörzeichen hin seinen Menschen anzuschauen.

Die Zeit zwischen Anschauen und Belohnung wird dann immer weiter verlängert, damit der Hund lernt, den Blickkontakt immer länger zu halten.

Im nächsten Schritt üben Sie das »Schau« in der Bewegung, denn der Hund soll Sie auch anschauen, während er neben Ihnen hergeht.

Beim Erlernen der Blickkontaktübung beachten:

Kein starres In-die-Augen-Schauen fordern, sondern den Hund belohnen und bestätigen, wenn er von sich aus Blickkontakt aufnimmt

Keine starre Körperhaltung des Menschen

Übung zunächst nur in entspannter, ruhiger Umgebung durchführen

Auf keinen Fall mehrmals täglich ohne Grund den Hund anstarren – dies macht unsicher, verursacht Unbehagen oder gilt als ständige »Kampfansage«

Aufmerksames Mitgehen trotz Ablenkung.

Gehen an lockerer Leine

- Leinenführigkeit – schon beim Welpen?
- An lockerer Leine – Trainingsaufbau
- »Fuß« ist etwas anderes
- Probleme – was tun wenn?

Leinenführigkeit schon beim Welpen?

Bereits ein Welpe kann lernen, entspannt an lockerer Leine mitzugehen. Je früher Sie hierzu den Grundstein legen, umso besser. Die Schwierigkeit liegt darin, dass jetzt eigentlich zwei Bedürfnisse aufeinander treffen:

> Der Welpe braucht unbedingt die Möglichkeit seine Umwelt zu erkunden
>
> Sie möchten ihm so schnell und gut wie möglich das Gehen an lockerer Leine beibringen.

Welpenspaziergang und Erlernen der Leinenführigkeit sind zwei völlig unterschiedliche Dinge. Natürlich können Sie bei einem Spaziergang beide Elemente einbauen, aber so, dass der Welpe immer genau erkennen kann, wann Übung angesagt ist und wann er frei hat.

Welpenspaziergang

Wie oft sieht man Hundebesitzer, die ihren Welpen an der Leine hierhin und dahin ziehend spazieren führen mit dem Argument, der Hund brauche doch Bewegung. Ein Spaziergang, der sich an den Bedürfnissen des kleinen Hundekindes orientiert, sieht eher so aus, dass Sie alle paar Meter stehen bleiben, dem Hund die Gelegenheit geben zu schnüffeln, dann ein paar Meter zu springen, wieder etwas abzuschnuppern und so weiter.
Am besten geschieht dies ohne Leine oder wenn es die Wohnverhältnisse nötig machen, an längerer Leine, aber ohne Signal zum ordentlichen Gehen, bzw. mit bewusstem Signal zum Freilauf an der Leine.

Ein Welpe muss so viel Neues kennen lernen, vor manchem weicht er vielleicht etwas zurück und bleibt deshalb auch an der Leine zurück, anderes interessiert ihn, und er zieht in diese Richtung. Vielleicht hat er gerade das dringende Bedürfnis, sich zu lösen. Auch die Laufgeschwindigkeit ist unterschiedlich. Manche Welpen hoppeln ganz schnell, andere gehen tapsig und langsam. Außerdem ermüden sie noch sehr rasch.

Anfangs dauert ein solcher Gang höchstens einige Minuten, und Sie selbst kommen vielleicht nicht mal hundert Meter weit, der Welpe hat jedoch einen aufregenden Ausflug hinter sich. Er kann auf diese Weise sein Bewegungsbedürfnis selbst steuern und anhalten und sich ausruhen, wenn er müde wird.

Neugierig erkundet dieser Welpe seine Umwelt.

Genauso wichtig wie die Leinenführigkeit – Bindung und Vertrauen

Geben Sie Ihrem Welpen die Möglichkeit zu lernen, dass es sich lohnt, wenn er Ihnen nachfolgt und mit Ihnen mitgeht. Zu dieser Übung ist der Hund unangeleint oder notfalls an einer leichten, längeren Leine.

Nehmen Sie nun ein kleines Leckerchen in die Hand, sprechen den Hund an und bewegen sich etwas von ihm weg. Folgt er von sich aus nach, so gehen Sie noch einige wenige Meter weiter, halten dann an und geben ihm das Leckerchen. Kommt er nicht gleich mit, weil er beispielsweise abgelenkt an etwas schnuppert, bewahren Sie Ruhe und gehen zunächst noch etwas weiter. Das fällt vielen Hundebesitzern recht schwer und sie versuchen dann sofort den Hund mit Stimme, Leckerchen schwenken oder sonstiger Action zum Mitkommen zu bewegen. Der Welpe soll aber lernen Ihnen nachzufolgen und aufmerksam auf Sie zu sein. Wenn Sie immer sofort ein Animationsprogramm starten, muss sich der Welpe gar nicht besonders anstrengen, denn Sie strengen sich ja an. Loben Sie ihn aber immer, wenn er dann doch noch mit Ihnen mitgelaufen ist.

Damit Sie so gelassen reagieren und etwas abwarten können, ist es wichtig, in einem Umfeld zu üben, in dem der Welpe weder sich noch andere gefährden kann. Wechseln Sie dabei immer mal wieder das Gelände. Gehen Sie über die abgemähte Wiese, durch eine kleine Pfütze oder ein Bächlein, durch raschelndes Laub oder über einen leeren Parkplatz. Auf diese Weise lernt der kleine Hund sich in unterschiedlichem Gelände zu bewegen und gleichzeitig wird die Bindung zu Ihnen gefestigt.

Bei Erkundungen im Gestrüpp würde eine Leine stören.

Sie sollten den Kleinen dabei jedoch nicht überfordern. Es wird sicher immer mal wieder Situationen geben, in denen sich der Welpe vielleicht schwer tut, Ihnen zu folgen. Vielleicht mag er kein Wasser und zögert dann etwas oder er ist durch die Gerüche am Parkplatz so abgelenkt, dass er Ihr Weggehen nicht wahrnimmt. In solchen Situationen können Sie ihm natürlich helfen und ihn nochmals ansprechen, etwas zu sich locken oder sich etwas schneller bewegen.

Geben Sie deshalb auch noch kein Signal zum Mitkommen, denn noch ist nicht sicher, dass er mitläuft. Loben Sie aber jedes Mal, wenn er brav mit Ihnen mitkommt.

Erste Schritte zur Leinenführigkeit

Dazu ist es nötig, den kleinen Hund zunächst einmal mit Halsband, oder besser Geschirr, und dem Gewicht der Leine vertraut zu machen. Wenn Sie ihm das leichte Welpenhalsband oder Geschirr zum Beispiel kurz vor der Fütterung anlegen oder vor der Spiel- und Schmusestunde, ist er durch diese angenehmen Dinge abgelenkt und vergisst das leichte Unbehagen.

43

Eine erste Übung

→ Für Sie – nicht für den Welpen:
Hat sich der Welpe an Halsband oder Geschirr gewöhnt, so hängen Sie die leichte Welpenleine ein und gehen einmal an lockerer Leine dem Hund nach – nicht er Ihnen. Sie merken jetzt, wie schwer das ist, ständig lockeren Leinenkontakt zu halten – dasselbe erwarten Sie später von Ihrem Hund.

Die ersten Schritte an der Leine gestalten Sie Ihrem Welpen so angenehm wie möglich. Wenn er sich an die Leine gewöhnt hat, nicht mehr herumhopst, dagegen zieht oder ängstlich reagiert, können Sie anfangen, ihn in die von Ihnen gewünschte Richtung zu locken.

Dies geschieht durch Stimme und freundliche Körperhaltung. Auf keinen Fall sollten Sie einen ängstlichen, unsicheren Hund einfach mit sich ziehen, das führt bei den meisten nur dazu, dass sie sich gegen den Zug in die Leine stemmen. Während der Welpe kurze Zeit, auch nur wenige Meter, mit Ihnen geht, wird er gelobt und mit Mini-Leckerchen belohnt.

Zieht der Welpe an der Leine, gehen Sie ihm nicht nach, sondern bleiben ruhig und ohne Worte stehen – es geht einfach nicht weiter. Warten Sie, bis Ihr Hund nachgibt, meist macht er einen kleinen Schritt zurück oder schaut Sie an, dann dürfen Sie weitergehen. Bleibt er zurück, so locken Sie ihn mit Stimme, Leckerle oder Spielzeug weiter.

Zunehmend können Sie dann Schritt für Schritt mit Ihrem Kleinen das Gehen an lockerer Leine üben. Der Trainingsaufbau für die Leinenführigkeit ist beim Welpen gleich, wie bei einem erwachsenen Hund – angepasst natürlich an seine körperlichen Möglichkeiten und noch sehr kurze Konzentrationsphase. Das Training sollte deshalb immer nur wenige Minuten dauern.

Erste Schritte zur Leinenführigkeit. Die Besitzerin folgt ihrem Junghund an lockerer Leine nach. Eine gute Erfahrung ohne Leinenzug …

An lockerer Leine – Trainingsaufbau

Es gibt nicht nur eine einzige Methode, dem Hund die Leinenführigkeit beizubringen. Je nach dem, ob die Leine das Signal zum Mitgehen sein soll oder ob Sie ein verbales Signal verwenden wollen, braucht es ein etwas anderes Vorgehen. Auch reagiert nicht jeder Hund gleich, und was für den einen passt, funktioniert beim anderen nur begrenzt. Deshalb beschreiben wir Ihnen in diesem Abschnitt verschiedene Vorgehensweisen mit ihren Vor- und Nachteilen und Fehlermöglichkeiten.

1. Methode:
Das richtige Verhalten des Hundes wird belohnt und dann mit Signal belegt

Viele Hundebesitzer arbeiten mit dieser Methode, ohne sich dessen wirklich bewusst zu sein. Es ist oftmals die erste Variante, die man

Es ist egal, ob der Hund rechts oder links geführt wird.

ausprobiert, um dem Hund die Leinenführigkeit beizubringen. Vor allem das Locken mit einem Leckerchen oder Spielzeug wird sehr häufig praktiziert, aber oft ohne genauer darüber nachzudenken, was der Hund dabei lernt und miteinander verknüpft. Deshalb funktioniert diese Methode nicht immer zuverlässig, obwohl sie durchaus gut geeignet ist, vor allem dann, wenn ein verbales Signal das Zeichen für das Gehen an lockerer Leine werden soll.

Erwünschtes Verhalten herstellen

Zunächst einmal müssen Sie erreichen, dass Ihr Hund in der gewünschten Position an lockerer Leine neben Ihnen hergeht. Dazu gibt es zwei Möglichkeiten, die jeweils Vor- und Nachteile haben:

Möglichkeit A – Abwarten:
Sie können einfach abwarten, bis der angeleinte Hund von sich aus zufällig in dieser Position neben Ihnen läuft. Das fällt leichter in einem ruhigen, ablenkungsfreien Umfeld.

Vorteil:
Sie erreichen ohne Umwege gleich die gewünschte Handlung, Ihr Hund tut in diesem Moment nichts anders.

Nachteil:
Es kann je nach Situation und Hundepersönlichkeit sehr lange dauern, bis der Hund diese Position einnimmt und er wird sie vielleicht nur ganz kurz zeigen.

Möglichkeit B – Nachhelfen:

Sie können nachhelfen und die Wahrscheinlichkeit steigern, dass Ihr Hund das erwünschte Verhalten zeigt. Ein beliebtes Hilfsmittel ist das Leckerchen: Sie führen beispielsweise den Hund an Ihrer linken Seite. Nehmen Sie ein kleines Leckerchen in die linke Hand, die Leine ist rechts. Halten Sie dem Hund das Futter direkt vor die Nase und gehen los. Der Hund will es erreichen und geht mit.

Nachhelfen mit einem Leckerchen.

Vorteil:

Sie schaffen es damit in der Regel sehr schnell, den Hund in die gewünschte Position zu bringen.

Nachteil:

Durch das Locken mit Futter bringen Sie den Hund zwar dazu, neben Ihnen herzulaufen und rein technisch gesehen ist es das, was Sie wollen. Aber erkennt das Ihr Hund genauso? Oder denkt er, dass Sie etwas ganz anders von ihm wollen, zum Beispiel, dass er hoch hopsen soll und sich das Leckerchen holen? Achten Sie deshalb ganz exakt darauf, was der Hund wirklich tut, damit er auch das Richtige lernt. Das Leckerchen dient in diesem Schritt nur zur Motivation.

➡ *Zweiter Lernschritt:*

Verstärken der richtigen Handlung durch eine Belohnung

Das bedeutet, immer wenn sich der Hund jetzt in der gewünschten Position an lockerer Leine neben Ihnen befindet, wird er sofort belohnt – mit einem kleinen Leckerchen, dem eingeführten Lobwort oder dem Clicker.

Ganz wichtig dabei ist, auch wenn es Ihnen schwer fällt: Bis jetzt geben Sie Ihrem Hund noch kein Signal zum Gehen an der Leine, sondern loben ihn, wenn er sich richtig verhält. Er hat deshalb die Möglichkeit, zu verknüpfen: Diese Position und lockere Leine = Belohnung = es lohnt sich, so zu gehen. Und weil es sich lohnt, wird er es immer öfter von sich aus anbieten. Zunehmend wird dann das Beibehalten dieser Position neben Ihnen belohnt und verstärkt. Ihr Hund bekommt das Lob – am besten während des Gehens – erst dann, wenn er einige Schritte an lockerer Leine mitgelaufen ist. Der Hund soll ja später nicht nur kurz mal an lockerer Leine neben uns sein, sondern diese Position für einen längeren Zeitraum beibehalten.

Fehler bei Möglichkeit A – Abwarten:
Weil zumindest anfangs die Wahrscheinlichkeit nicht so häufig ist, dass der Hund das erwünschte Verhalten zeigt, fällt es manchen Hundebesitzern schwer, ruhig abzuwarten, bis der Hund die richtige Position einnimmt. Sie

Das zeitgleiche Belohnen, während der Hund locker an der Leine mitläuft, ist technisch gar nicht so einfach. Manchmal muss es richtig geübt werden. Dieser Hund wird hier eher fürs Hochspringen belohnt.

belohnen dann oft schon ein Verhalten, das so ähnlich ist, aber eben noch nicht richtig. Andere wieder reagieren nicht so schnell, nehmen es nicht oder verzögert wahr, dass ihr Hund jetzt gerade wie gewünscht neben ihnen hergeht und loben deshalb ebenfalls nicht zum richtigen Zeitpunkt.

Fehler bei Möglichkeit B – Nachhelfen:
Der Erfolg bei dieser Vorgehensweise hängt in großem Maße davon ab, ob Sie darauf achten und es Ihnen bewusst ist, für was Sie Ihren Hund belohnen und ob Ihr Timing stimmt. Ihr Hund muss ganz genau erkennen können, für welches Verhalten er belohnt wird.

Beispiel:
Ihr Hund geht, geleitet durch das Leckerchen, gut neben Ihnen her. Er selber ist sich dessen aber überhaupt nicht bewusst, weil er so damit beschäftigt ist, das leckere Futter zu erreichen. Wenn Sie ihn jetzt für das in Ihren Augen gute Gehen neben Ihnen belohnen, belohnen Sie ihn nach seinem Empfinden eigentlich für seine Gier nach dem Leckerchen.

Wenn Sie mit Leckerchen locken, warten Sie bewusst ab, bis der Hund ruhig an lockerer Leine neben Ihnen geht, erst dann wird er belohnt. Es ist unbedingt nötig, recht schnell darauf zu schauen, das Lockmittel wieder abzubauen.
Halten Sie deshalb zunehmend das Leckerchen beim Gehen nicht mehr direkt vor die Hundenase, sondern in Ihrer geschlossenen Hand, die Sie immer mehr in Richtung Ihres Bauches halten, oder das Futter kommt in Ihre Jackentasche.

Die erwünsche Handlung erhält einen Namen – das verbale Signal

Dieser Schritt erfolgt erst dann, wenn Ihr Hund immer öfter von alleine in der gewünschten Position mitläuft. Immer wenn der Hund genau in der Position ist, die Sie als richtig bezeichnen, bekommt er jetzt das ausgewählte Signal dafür, dann gehen Sie noch ein oder zwei Schritte mit ihm in dieser Position weiter und loben ihn anschließend. So kann er nach

Das Signalwort muss im richtigen Moment gegeben werden.

und nach das Hörzeichen mit seinem richtigen Tun verknüpfen – bis er als Endhandlung auf das Signal hin das Richtige tut.

Fehler :

Auch bei diesem Lernschritt ist das richtige Timing gefragt. Das Signal muss in der Lernphase direkt zeitgleich mit Beginn des erwünschten Verhaltens vom Hund wahrgenommen werden. Trifft es früher oder später ein, so kann die gewünschte Verknüpfung nicht stattfinden. Das bedeutet: Wird das Hörzeichen, welches zum Signal für das Gehen an lockerer Leine werden soll, gegeben, wenn der Hund schon wieder dabei ist, etwas anderes zu tun, wird es unter Umständen zum Signal für diese andere Tätigkeit.

Erlerntes festigen

Anfangs belohnen Sie Ihren Hund für wenige Schritte, die er an lockerer Leine neben Ihnen gegangen ist. Mit zunehmendem Trainingserfolg können Sie den zeitlichen Abstand zwischen den Leckerchengaben vergrößern; Ihr Hund soll nun die gewünschte Leistung immer etwas länger zeigen, ehe er eine Belohnung dafür erhält. Geschickt wäre hier der Einsatz Ihres Lobwortes, damit Sie nicht immer ein Leckerchen reichen müssen. Wechseln Sie beispielsweise ab zwischen Leckerchen und Lobwort.

Reduzieren Sie Ihr Lob aber nicht zu früh oder hören gar ganz damit auf, nur weil Ihr Hund jetzt gut an lockerer Leine neben Ihnen geht. Manchen Hunden fehlt dann schnell die

Motivation, sie arbeiten nicht mehr so gut und begeistert mit.

Auch, wenn Ihr Hund seine Aufgabe schon sehr gut meistert, braucht er ab und zu eine Belohnung dafür. Woher soll er denn sonst auch wissen, dass Sie immer noch mit seinem Verhalten zufrieden sind. Ein Verhalten, welches nicht immer mal wieder zwischendurch belohnt wird, lohnt sich nicht mehr für den Hund, und er wird nach und nach aufhören, es zu zeigen.

2. Methode:
Stehen bleiben

Diese Vorgehensweise wird häufig dann verwendet, wenn die Leine das Signal zum Gehen an lockerer Leine werden soll. Oder um einen sehr unaufmerksamen, bereits an der Leine ziehenden Hund zu trainieren.

Stehen bleiben wird oft als die optimale Möglichkeit erwähnt und trotzdem bleibt manchmal der erhoffte Erfolg aus. Wenn man diese Methode richtig anwendet, dann kommt der Hund einfach nicht zum Ziel, wenn er zieht. Er hat keinen Erfolg damit, es lohnt sich nicht. In der Praxis sieht es jedoch meist ganz anders aus, und das ruhige Stehen bleiben erweist sich als gar nicht so einfach. Damit Sie Erfolg haben, ist es wichtig, dass Sie im wahrsten Sinne des Wortes überlegen, welche Schritte Sie wann machen, und was dies beim Hund bewirkt.

Wir zerlegen im Folgenden eine oftmals nur Sekunden dauernde Sequenz in einzelne Abschnitte, die in Wirklichkeit fließend ineinander übergehen:

Erster Schritt:

Immer dann, wenn der Hund an der Leine nach vorne zieht und die Leine anfängt, sich zu spannen, bleiben Sie stehen und halten die Leine ruhig, ohne zu ruckeln, gegen den Zug des Hundes.

Fehler:

Oft wird der Besitzer überrascht vom plötzlichen Losziehen seines Hundes oder er ist nicht immer so aufmerksam, dass das erste Anspannen der Leine sofort registriert wird und reagiert erst dann, wenn der Hund schon einige Sekunden/Minuten an der Leine gezogen hat. Auch wenn der Besitzer stehen bleiben will, sobald sich die Leine strafft, gelingt es vor allem einem großen, kräftigen Hund in vielen Fällen, seinen Besitzer noch ein oder zwei Schritte voran zu ziehen. Dies alles bedeutet zumindest einen Teilerfolg des Hundes, und er wird es wieder probieren.

Halten Sie daher die Leine immer gut fest, damit sie Ihnen auch bei einem Blitzstart nicht noch ein Stück durch die Hände gleitet. Die Leine sollte beim Üben immer in etwa gleich lang sein, damit der Hund nicht einmal nach 50 cm und dann wieder nach 2,50 m das Ende der Leine erreicht hat und zu ziehen beginnt.

Zweiter Schritt:

→ Ihr Hund hängt also in der Leine, aber es geht nicht weiter, er muss stehen bleiben. Warten Sie ruhig und gelassen ab, bis er etwas nachgibt und sich nach Ihnen umschaut. Dadurch lockert sich die Leine.

Fehler:

Nicht ungeduldig werden, es kann durchaus einige Zeit dauern, bis Ihr Hund registriert, dass es nicht mehr weitergeht. Er wird zunächst vermutlich einfach weiterziehen, schließlich hatte er seither auch Erfolg damit. Vielleicht bellt er, setzt sich hin oder versucht, mit besonders viel Anlauf voranzukommen.

Bleiben Sie auch dann standhaft, sagen Sie nichts und rucken Sie nicht an der Leine.

Wenn Ihr Hund allerdings so fixiert darauf ist, nach vorne zu ziehen und Ihr Stehenbleiben auch nach einigen Minuten nicht registriert, dann helfen Sie ihm. Sie könnten ihn kurz ansprechen oder sich sonst wie in Erinnerung bringen, damit er sich Ihnen zuwendet und die Leine dadurch locker durchhängt.

Dritter Schritt:

Genau in dem Moment, in dem sich der Hund bewusst nach Ihnen orientiert und die Leine locker durchhängt, loben Sie ihn und gehen weiter. Wahrscheinlich wird es nur wenige Meter gut gehen, bis der Hund wieder in der Leine hängt. Dann bleiben Sie wieder stehen und halten die Leine ruhig.

Fehler:

Mancher Besitzer ist schnell genervt vom ewigen Stehen bleiben, bleibt deshalb eben doch nicht immer stehen oder vergisst seinen Hund zu loben, wenn sich dieser ihm zuwendet und die Leine nicht mehr gespannt ist. Mit dieser Vorgehensweise können Sie Ihren Hund sehr erfolgreich trainieren, benötigen aber viel Durchhaltevermögen und Konzentration beim Üben.

»Stehen bleiben« erscheint am Anfang mühsam und Sie kommen nicht viele Meter weit, aber das Straffen der Leine wird für Ihren Hund nach und nach zum Signal dafür, dass es nicht mehr weitergeht. Er realisiert, dass er nur vorankommt, wenn die Leine locker ist.

3. Methode Richtungswechsel

Eine andere Möglichkeit ist das Arbeiten mit gezieltem Richtungswechsel. Auch mit dieser Vorgehensweise möchten Sie erreichen, dass sich der Hund nach Ihnen orientiert und dass er nicht weiter in die Richtung gelangt, in die er hinzieht.
Sie leinen den Hund an, sprechen ihn kurz an, um seine Aufmerksamkeit zu erreichen und gehen dann los. Zieht der Hund nach vorne oder zur Seite, wechseln Sie Ihre Laufrichtung und zwar in genau dem Moment, wenn sich die Leine strafft – ohne weiter mit dem Hund zu reden. So oft der Hund nun zieht, wechseln Sie die Richtung. Es gibt dabei immer kurze Momente, in denen der Hund genau da ist, wo Sie ihn haben wollen, nämlich an lockerer Leine neben Ihnen. Sie spüren das an Ihrer Hand,

wenn Sie fast kein Gewicht mehr in der Leine haben. Genau jetzt belohnen Sie ihn im Gehen durch ein Lobwort oder ein kleines Leckerchen. Wenn Sie ein verbales Signal für das Gehen an lockerer Leine verwenden möchten, dann können Sie diese Situationen zunehmend mit dem dafür ausgewählten Signal belegen (wie oben beschrieben).

Fehler:

Zieht der Hund, drehen viele Hundebesitzer den immer gleichen Kreis und gehen dann weiter. Einige Hunde gehen den kleinen Kreis perfekt mit, um dann sofort wieder weiter zu ziehen, weil sie gelernt haben: ziehen – kleiner Kreis um die eigene Achse – weiterziehen. Andere Besitzer wieder wechseln so abrupt die Richtung, dass es den Hund fast von den Pfoten holt und er vor allem, wenn er am Halsband geführt wird, einen heftigen Ruck verspürt. So ist das natürlich wenig hilfreich.

Gehen Sie zügig, aber rennen Sie nicht hektisch über die Wiese. Setzen Sie Ihre Richtungswechsel überlegt und bewusst ein. Wenden Sie beispielsweise nicht immer in die gleiche Richtung. Die meisten Menschen neigen zu Rechtskurven. Versuchen Sie es einmal links herum, was aber bedeutet: Sie müssen aufpassen, dass Sie nicht über den Hund stolpern. Es passiert dabei fast automatisch, dass Sie den Hund auch körperlich etwas abdrängen – nämlich in die von Ihnen gewünschte Richtung – denn er will ja geradeaus weiterziehen. Dieses Abdrängen darf natürlich nicht in einen »Bodycheck« ausarten, in dem Sie den Hund mit dem Bein auf die Seite stoßen.

Achtung: Bei Hunden, die schnell aggressiv oder auf Berührungen sehr sensibel reagieren, sollten Sie auf das Abdrängen zunächst eher verzichten oder unter Anleitung eines Fachmanns daran üben. Ebenso natürlich bei Hunden, die orthopädische Probleme haben und bei bestimmten Bewegungen Schmerzen empfinden. Auch bei dieser Methode ist es sinnvoll, dass die Leine in etwa immer gleich lang ist.

Leine gut festhalten und den Oberarm an den Körper drücken. Je näher der Arm am Körper gehalten wird, desto günstiger sind die Kräfteverhältnisse für Sie.

Mit ausgestrecktem Arm brauchen Sie wesentlich mehr Kraft, um den Hund zu halten. Es gelingt ihm deshalb recht schnell, Sie aus dem Tritt zu bringen und dahin zu ziehen, wo seine Interessen liegen.

Korrektes »Fußgehen« ist etwas anderes

Für den Alltagsgebrauch reicht es meist aus, wenn der Hund dicht an Ihrem Bein läuft, Ihre Wendungen mitgeht, ohne dass Sie extra auf ihn einwirken müssen und Blickkontakt (s. Kapitel 2, Seite 38f) mit Ihnen aufnimmt, wenn Sie ihn dazu auffordern.

Im Hundesport versteht man unter korrektem «Gehen bei Fuß», dass der Hund dicht neben seinem Besitzer mitgeht, je nach Prüfungsordnung sollte er dabei Blickkontakt zu seinem Menschen halten. Für den Jagdgebrauch oder bei Prüfungen für bestimmte jagdlich geführte Hunde, wie beispielsweise Retriever, muss der Hund beim Fußgehen eng neben seinem Menschen gehen, aber nicht an ihm kleben. Großen Wert wird darauf gelegt, dass der Hund bei allen, auch bei den kleinsten Richtungswechseln, sich weiter neben seinem Menschen hält.

Der Hund muss hier aber nicht Blickkontakt aufnehmen sondern eher nach vorne schauen. Dies hängt mit seinem Aufgabengebiet zusammen: Ein Apportierhund, der nur seinen Besitzer anschaut, während vorne ein geschossenes Wild fällt, sieht nicht, wohin es fällt und kann es nicht bringen.

Zum Erlernen der Fußübung gibt es, wie so oft, verschiedene Möglichkeiten. Die oben beschriebenen Vorgehensweisen zum Gehen an lockerer Leine eignen sich auch für das Fußgehen (besonders die Erste). Wenn Sie das Fußgehen sehr exakt oder für bestimmte Aufgaben brauchen, so ist es nötig, dafür gesondert zu trainieren.

Besuchen Sie dann die angebotenen Trainingskurse und lassen Sie sich von einem kompetenten Ausbilder anleiten und korrigieren.

Fußgehen für verschiedene Ansprüche: vom exakten Hundesport bis zur Alltagstauglichkeit.

Folgende Punkte können Ihnen ebenfalls dabei helfen:

➤ Damit der Hund die Position beim Fußgehen auch deutlich vom Gehen an lockerer Leine unterscheiden kann, ist Ihr Timing ganz besonders wichtig.
Belohnen Sie Ihren Hund während des Gehens genau dann, wenn er sich dicht bei Ihnen befindet und (wenn erwünscht) auch zu Ihnen hochschaut. Geben Sie das Signal Fuß wirklich in dem Moment, in dem der Hund sich in der gewünschten Position befindet.

➤ Schon kleine »Handlingfehler« reichen aus, dass ein korrektes Fuß nicht gelingt: Wenn Sie beispielsweise das Leckerchen, mit dem Sie den Hund belohnen oder in die richtige Position locken möchten, in der rechten Hand halten, während Sie den Hund links führen, gewöhnen sich viele Hunde daran, leicht schräg nach rechts vor Ihrem Menschen zu gehen, weil sie dann näher am Futter sind.

➤ Gehen Sie anfangs nur ganz kurze Strecken Fuß. Damit meinen wir wirklich nur wenige Schritte, dann lassen Sie beispielsweise den Hund absitzen und gehen anschließend noch mal einige Schritte. Korrektes Fußgehen verlangt viel Aufmerksamkeit von Mensch und Hund.

Wenn die Konzentration nachlässt, schleichen sich schnell Fehler ein.

Probleme – was tun wenn?

Nicht alles gelingt gleich auf Anhieb, weder beim Hund noch bei Ihnen. Das ist normal, zweifeln Sie nicht an sich selbst, sondern überlegen in Ruhe, woran es liegen könnte. Manchmal sind es nur Kleinigkeiten, die geändert werden müssen.

Hund beißt in die Leine oder Jacke

Beißt Ihr Hund in die Leine oder springt er ständig an Ihnen hoch und zerrt an Jacke oder Hosenbein, sobald Sie ihn anleinen, oder das Gehen an der Leine über längere Zeit oder in einer bestimmten Situation einfordern? Überforderung und Stress des Hundes oder auch die Unsicherheit des Hundebesitzers können eine Ursache sein, vor allem dann, wenn der Hund ansonsten brav mitgeht und nur in bestimmten Situationen dieses Verhalten zeigt. Wenn Sie selbst mit zu viel Gestik arbeiten, zu überschwänglich loben oder ungeschickt mit Leine und Ausrüstungsgegenständen hantieren, regt das manche Hunde auf. Sie sind dadurch irritiert oder fühlen sich eventuell sogar zu einem Spiel herausgefordert.

Hochspringen des Hundes ignorieren und ruhig bleiben.

Loben, wenn sich der Hund wieder beruhigt hat.

Wie sieht es zu Hause aus? Darf der Hund dort alles tun und jetzt wird plötzlich Leistung von ihm verlangt, die er nicht gewohnt ist? Wird es geduldet oder sogar durch Zerrspiele gefördert, dass der Hund in Arme, Beine oder Jackenärmel beißt?

Vermeiden Sie Zerrspiele mit dem Hund und achten Sie auch im Alltag auf ruhigen konsequenten Umgang mit dem Hund.

Bleiben Sie selbst gelassen, wenn der Hund hochspringt oder in die Leine beißt. Je mehr Sie auf ihn einreden oder ihn wegstoßen, umso mehr wird er sich aufregen. Lassen Sie sich nicht auf ein Zerrspiel ein, sondern halten Sie die Leine ruhig und beachten den Hund nicht. Die meisten Hunde hören dann sehr schnell mit ihrem Verhalten auf, sie setzen sich hin oder zeigen Gesten wie Gähnen oder Kratzen. Dann loben Sie Ihren Hund kurz und gehen weiter. Bleiben Sie ruhig, auch wenn sie nach wenigen Schritten das Gleiche wiederholen müssen.

Hund macht sich nichts aus Belohnungen

Nicht immer ist der Hund ein Kostverächter, wenn er auf Leckerchen nicht anspricht. Oftmals sind Stress und Überforderung die Ursache, dass der Hund die Belohnung gar nicht wahrnehmen kann. Vielleicht ist es auch ganz einfach die falsche Belohnung – Ihr Hund würde für Wiener Würstchen alles tun, aber der trockene Hundekeks aus dem Supermarkt reißt ihn nicht vom Hocker.

Reduzieren Sie den Stresslevel. Dazu gehört, dass Sie die Ausbildungsmethode überprüfen, ein ruhigeres Übungsumfeld aufsuchen oder zunächst ganz ohne Ablenkung trainie-

ren. Probieren Sie eine andere Belohnung aus und überlegen, ob Ihr Hund im Alltag ständig ohne Grund ein kleines Belohnungshäppchen bekommt. Dann ist er vielleicht einfach satt, oder hat es überhaupt nicht nötig, sich für etwas anzustrengen, das er ja sowieso im Überfluss bekommt.

Individualabstand

Sie stellen fest und ärgern sich, dass Ihr Hund immer nach der Seite hin ausweicht?

Haben Sie schon einmal darüber nachgedacht, wie viel Individualabstand Ihr Hund braucht? Oder ob ihn irgendetwas so dicht bei Ihnen irritiert?

Geht er vielleicht deshalb nicht so dicht neben Ihnen, weil ihm diese Nähe unangenehm ist? Oder weil Ihr körperliches Lob ihn auf Distanz bringt?

Finden Sie heraus, welcher Abstand zu Ihnen dem Hund angenehm ist und welches Lob ihn vielleicht noch etwas näher heranbringen könnte.

Irritiert ihn Ihre Körpersprache? Auch Kleinigkeiten können ausschlaggebend sein, ein stolpernder, unruhiger Gang etwa oder unbewusste Bewegungen zum Hund hin.

Überprüfen Sie auch Ihre Kleidung oder die Leinenhaltung. Wenn Ihre offene Jacke oder der umgebundene Pullover ständig am Hundekopf streift oder ihm bei Wendungen gar die Sicht verdeckt, wenn das Leinenende ständig vor der Hundenase hin und her schwingt, dann weicht mancher Hund irritiert zur Seite aus.

Geht er dichter neben Ihnen, wenn Sie Ihre Umhängetasche auf der anderen Seite tragen oder den am Hosenbund klappernden Schlüsselanhänger entfernen?

Neue Regeln einführen

Hunde, die schon über eine lange Zeit hin an der Leine gezogen haben, sind oft nicht mehr sensibel genug auf dezente Reize am Halsband und spüren es überhaupt nicht mehr, wenn es am Hals zieht. Der Hund hat gelernt, seine eigenen Ziele zu verfolgen, denn sein Ziehen nach aufregenden Stellen hin bringt ihm Erfolg. Er ist so fixiert darauf und nimmt deshalb das Unbehagen durch den Leinenzug und Ihre Anweisungen überhaupt nicht mehr wahr – er blendet es regelrecht aus auf dem Weg zu seinem Ziel.

Hier muss man oftmals ganz neue Wege gehen um Erfolg zu haben. Das kann bedeuten:

➡ Hat der Hund das bisher verwendete Signal schon völlig falsch verknüpft, so ist es besser, ein neues Signal mit entsprechender genauer Definition einzuführen. Dieses sollte sich von den bisher verwendeten Signalen möglichst deutlich unterscheiden. Das ist in der Regel erheblich Erfolg versprechender, als der Versuch, ein schlecht trainiertes Signal nachzubessern.
Beispiel: Sollte seither die Leine das Signal fürs lockere Mitgehen sein, so muss jetzt vielleicht ein verbales Signal eingeführt werden, das Mensch und Hund bewusst macht, dass ab sofort andere Regeln gelten.

➡ Wenn der Zug am Hals für den Hund schon zum gewöhnten Dauerzustand geworden ist (er hat inzwischen Nackenmuskeln wie ein Preisringer), wäre es sinnvoll, das Halsband erst einmal ganz wegzulassen und stattdessen ein Geschirr zu verwenden. Das gibt dem Hund die Möglichkeit, seinen Hals zu entlasten, die verspannten Muskeln zu lockern und wieder ein Gefühl für Berührungen am Hals zu empfinden.
Zunächst darf er am Geschirr jetzt sogar wieder ziehen, aber parallel dazu üben Sie das Nicht-an-der-Leine-Ziehen in gesonderten Übungsschritten mit einem breiten, nicht einengenden Halsband

Weniger ist manchmal mehr!

Viele Hundebesitzer eines an der Leine ziehenden Hundes bekommen folgenden Ratschlag: »Sie müssen halt schauen, dass Sie für den Hund interessanter werden als das, was um ihn herum passiert!« Das kann hilfreich und für manche Teams schon die Lösung sein. Interessanter, spannender wird man manchmal schon durch ein anderes, wohlriechendes Leckerchen, durch gezielteres, schnelleres Gehen oder exakteres Timing. Manchmal ist es aber auch so, dass der Hundebesitzer alles tut, um sich interessant zu machen, ja es artet fast schon in ein übermäßiges Theater aus, und der Hund findet die Krähe in der Ferne immer noch spannender als seinen Menschen. Versuchen Sie es hier einmal anders: Hören Sie damit auf, ständig auf Ihren Hund einzureden. Sie müssen nicht den Alleinunterhalter für ihn spielen und immer mehr dafür tun, damit er geruht Sie wahrzunehmen. Im Gegenteil, er soll nun lernen, sich auf Sie zu konzentrieren. Gut geeignet dafür sind Aufmerksamkeits-Übungen (Seite 38) und ein Training nach der Methode »Stehen bleiben« und »Richtungswechsel« (Seite 49–51).

Im Alltag unterwegs 4

- Von der stillen Wiese zum Markt-
  platz – Ablenkungen trainieren
- Kleines Begegnungs-ABC
- Aufgeregt an der Leine
- Aggressiv an der Leine

Von der stillen Wiese zum Marktplatz

Ablenkungen gehören zum Hundealltag. Nur ist es für den Hund zunächst nicht immer so selbstverständlich und einfach in unterschiedlichen Alltagssituationen an lockerer Leine mitzugehen, denn im Freilauf würde er sich in manchen dieser Situationen sicher ganz anders verhalten. Er würde vielleicht in einem Bogen ausweichen oder sein Lauftempo verändern, wenn er beispielsweise dicht an einem laut knatternden Lastwagen oder einem entgegenkommenden Passanten vorbei muss. Nun aber geben ihm der Mensch und die Leine den Weg vor.

Wenn wir von unserem Hund erwarten, dass er ohne an der Leine zu ziehen in unterschiedlichen Alltagssituationen mit uns mitgeht, müssen wir es mit ihm zusammen üben und für ihn mitdenken, was ihn erschrecken oder sonst wie aus dem Konzept bringen könnte.

Das Üben dieser Ablenkungen sollte ganz individuell auf den Hund abgestimmt werden. Was den einen total aus dem Konzept bringt, lässt den anderen völlig unbeeindruckt. Der eine braucht genaue Anleitung und viele Wiederholungen, bis er versteht, was Sie von ihm wollen, ein anderer Hund hat eine sehr rasche Auffassungsgabe. Auch die Tagesform und das Konzentrationsvermögen von Hund und Mensch können sehr unterschiedlich sein.

Hunde lernen situationsbezogen und brauchen viele Wiederholungen

Das heißt, sie verknüpfen beim Erlernen nicht nur das gegebene Signal mit der erwünschten Handlung, sondern auch viele andere Wahrnehmungen. Dies können für uns deutlich erkennbare Dinge sein, wie zum Beispiel der Übungsort, anwesende Personen oder die immer für diese Übung verwendete Leine. Gerüche, Geräusche, Stimmungen oder eine bestimmte, unbewusst eingenommene Körperhaltung des Hundebesitzers können ebenfalls eine Rolle spielen.

Trotz starker Ablenkungen läuft dieser Hund aufmerksam mit.

Ein gutes Beispiel für situationsbedingtes Lernen ist das Üben in einem Hundekurs:
Hier gelingt das Gehen an lockerer Leine nach ein paar Übungsstunden schon recht gut. Die Anwesenheit des Trainers und der bekannten Mitschüler oder das vertraute Übungsgelände wird mit zum Signal dafür, jetzt konzentriert und aufmerksam an lockerer Leine zu gehen. Auf dem Weg zum Parkplatz klappt das mit der Leinenführigkeit plötzlich nicht mehr so gut. Ein Grund dafür ist, dass der Hund zwar gelernt hat, an lockerer Leine zu gehen, aber noch nicht, dieses Verhalten auch in unterschiedlichen Situationen zu zeigen.

Zum anderen hat der Hund vielleicht situationsbezogen gelernt: In der einen Situation gelten die Regeln, in der anderen nicht, weil auch das Verhalten des Hundebesitzers situationsbezogen sein kann.
Viele Hundebesitzer sind während einer Übung sehr konzentriert und reagieren bewusst auf den Hund und seine Handlungen, während sie in Alltagssituationen oftmals selbst abgelenkt sind und deshalb verzögert oder überhaupt nicht handeln.

Oder der umgekehrte Fall: »daheim macht er es gut, nur hier im Kurs ...« wird häufig als Ausrede angesehen, kann aber durchaus der Wahrheit entsprechen. Der Hund hat gelernt, in einem vertrauten Umfeld mit den immer annähernd gleichen Bedingungen und Ablenkungen gut an lockerer Leine mitzugehen. Andere Umgebungen kennt er kaum, die Situation eines Hundekurses ist ihm völlig fremd, und nun soll er plötzlich an so vielen ihm unbekannten Ablenkungen an lockerer Leine vorbeigehen.

Damit eine **Hand**lung auf ein **Signal** hin vom Hu**nd auch** zuverlässig **ausge**führt wird, **muss dies** geübt werd**en. Vielen ist** nicht bewus**st, was das in der** Realität bed**eutet. Sie erwarten** beispielswei**se von ihrem jungen Hund,** der ab und zu schon recht schön an lockerer Leine mitläuft, dass er dieses Verhalten nun automatisch weiter gut zeigt. So einfach ist es leider nicht. Manchmal braucht man für den ersten Übungsschritt, beispielsweise daheim im vertrauten Garten Hunderte von Wiederholungen.

Wenn Sie dann die Anforderungen steigern und auf der Straße vor dem Haus üben, brauchen Sie auch hierfür wieder viele Wiederholungen.

Denn Hunde verallgemeinern nicht automatisch, sie wissen nicht immer von sich aus, dass das, was ihr Besitzer von ihnen im Garten verlangt, auch auf der Straße mit all ihren Ablenkungen genauso gilt.

Leinenführigkeit in unterschiedlichen Alltagssituationen

Wenn Ihr Hund im vertrauten Umfeld gut an lockerer Leine mitgeht, können Sie damit beginnen in anderen Situationen zu üben.

Die Übungseinheiten sollten ganz selbstverständlich in den Alltag integriert und nicht jedes Mal zum aufregenden Ereignis für den Hund werden.

Steigern Sie dabei die Anforderungen stufenweise und verändern Sie nicht zu viel auf einmal:

➜ bauen Sie erste Ablenkungen ein

➜ üben Sie an neuen Orten (dies zunächst wieder ohne Ablenkung, dann mit)

➜ üben Sie zu unterschiedlichen Tageszeiten

➜ üben Sie dies alles zunächst alleine, dann bestellen Sie sich Zuschauer an den Rand und dann gehen Sie auch einmal zu zweit in einer Art Spaziergangssituation nebeneinanderher

In der Stadt gibt es viele aufregende Gerüche und Geräusche – nicht so einfach für einen jungen Hund, dennoch an lockerer Leine zu gehen.

Wie lange Sie an einem Übungsschritt arbeiten und wann Sie die Anforderungen steigern können, dafür gibt es keine Zeitvorgabe, denn jeder Hund lernt anders. Nehmen Sie den nächsten Übungsschritt aber erst dann in Angriff, wenn Ihr Hund den vorhergehenden zuverlässig beherrscht.

➜ Anhaltspunkt dafür, dass Sie richtig liegen und nicht zu schnell vorgehen: Der Hund interessiert sich zwar für die Veränderung, lässt sich von ihr aber nicht so sehr aus dem Konzept bringen, dass er Ihre Anweisungen nicht mehr wahrnimmt.

Häufig sind wir Hundebesitzer der Meinung, wir hätten nun oft genug die Leinenführigkeit in unterschiedlichen Situationen trainiert. Wenn der Hund aber trotzdem weiterhin an der Leine zieht, sollten wir hinterfragen, ob er in diesen Situationen auch wirklich das lernen konnte, was wir von ihm erwarten.

Es ist dann oftmals schwer für den Hundebesitzer, sich in die Lage des Hundes zu versetzen.

Stellen Sie sich vor, Sie sind auf einer Urlaubreise im Ausland. Sie sitzen dort auf einer Bank mitten im Bahnhofsvorplatz und wollen ausländische Vokabeln lernen.

Rechts von Ihnen unterhält sich lautstark eine Reisegruppe in einer fremden Sprache, gegenüber preist ein Eisverkäufer begeistert seine Ware an, der Leiter einer anderen Reisegruppe hinter Ihnen versucht mit lauten Rufen seine Teilnehmer beisammen zu halten und zwischendurch ertönen immer mal wieder knarrend und kaum verständlich irgendwelche Lautsprecherdurchsagen. Und da sollen Sie nun Ihre Vokabeln lernen – es wird Ihnen vermutlich nur schwer gelingen, sich zu konzentrieren.

Wenn Sie jedoch zum zehnten Mal auf der gleichen Bank sitzen, haben Sie sich an wechselnde Reisegruppen schon einigermaßen gewöhnt. Sie wissen, dass die Lautsprecherdurchsagen für Sie keine Bedeutung haben und der Eisverkäufer stört Sie ebenfalls nur noch ab und zu. Jetzt gelingt das Vokabellernen schon etwas besser – zumindest das Wiederholen von bereits vertrauten Worten macht keine Probleme mehr.

Wenn Sie neue, besonders schwierige Dinge zu lernen haben, fehlt Ihnen aber immer noch die nötige Ruhe und Konzentration. Dazu müssten Sie sich noch mehr an den ganzen Trubel auf dem Bahnhofsvorplatz gewöhnen und auch daran, in einer solchen Umgebung zu lernen.

Ähnlich geht es auch Ihrem Hund. Vielleicht ist es ja wirklich kein Problem für ihn, an lockerer Leine mit Ihnen über die vertraute Wiese zu gehen. Im Trubel der Innenstadt oder wenn rings um ihn die Krähen auffliegen, die Bäume am Wegrand intensiv nach Artgenossen riechen und die Blätter im Wind rauschen, da gelingt es ihm einfach nicht mehr, Ihre Anweisungen aus den unterschiedlichen Reizen herauszufiltern und sich darauf zu konzentrieren.

Helfen Sie Ihrem Hund, in dem Sie die Situation analysieren: Wo genau liegen die Schwierigkeiten? Sollten Sie Ihren Übungsablauf anders gestalten? Sind Ihre Signale und Anweisungen eindeutig und gut wahrzunehmen? Gibt es Dinge, die geübt werden müssen, ehe Sie an der Leinenführigkeit arbeiten?

Es ist für den Hundebesitzer sicher nicht immer einfach, den Schwierigkeitsgrad einer Alltagssituation richtig einzuschätzen, denn für einen Hund können ganz andere Dinge von Bedeutung sein, als für uns Menschen.
Da das Hörvermögen und ganz besonders das Riechvermögen des Hundes das des Menschen bei weitem übertreffen, können wir oft nur schwer nachvollziehen, wie der Hund seine Umwelt tatsächlich wahrnimmt.

Viele Reize, die für den Hund eine starke Ablenkung darstellen, bleiben uns verborgen. Es bleibt uns daher nichts anderes übrig, als das Verhalten unseres Hundes genau zu beobachten, um zu erkennen, wann er ganz offensichtlich abgelenkt ist und wann nicht.

Auch die Veranlagung des Hundes kann eine Rolle spielen. So haben Hunde mit besonders guten Sinnesleistungen oftmals Probleme, sich bei entsprechender Ablenkung auf eine bestimmte Aufgabe zu konzentrieren.

Daran könnten Sie denken:

→ Lässt sich Ihr Hund grundsätzlich sehr leicht ablenken? Dann muss er zunächst lernen, sich in diesen Situationen überhaupt auf Sie zu konzentrieren, und das gelingt erst nach mehreren Wiederholungen.

→ Ist die Ablenkung durch einen anderen Hund zu überwältigend, weil er zu dicht dran ist oder sich zu lebhaft gebärdet? Reicht es aus, wenn der freundliche Passant ein paar nette Worte an uns richtet, und schon zieht der Hund in seine Richtung? Bei manchen Hunden können Sie die Ablenkungen nur ganz langsam steigern oder die Distanz zu aufregenden Reizen wirklich nur Meter für Meter verringern.

→ Gibt es noch zusätzliche Dinge, die den Hund ablenken wie Verkehrslärm, Kühe am Wegrand, der Geruch von frischem Schafsdung, weggeworfene Essensreste, spielende Kinder usw. Die Toleranz diesen Dingen gegenüber muss in gesonderten Lernschritten geübt werden.

→ Haben Sie Ihrem Hund wirklich genau mitgeteilt, was Sie von ihm erwarten?

Zum Beispiel:
Schnüffeln an interessanten Stellen.
Manchmal darf der Hund häufig schnüffeln, dann wieder nervt es Sie, wenn er allzu intensiv an einer Stelle riecht. Beim Gehen auf dem Feldweg stört es Sie vielleicht weniger, in der Stadt finden Sie dasselbe Verhalten Ihres Hundes ausgesprochen lästig. Es ist daher für den Hund schwer einzuschätzen, wie viel Schnüffeln, und damit verbunden meist auch ein Hinziehen zur interessanten Stelle für den Hundebesitzer gerade bei diesem Spaziergang noch in Ordnung ist. Wenn Sie keine genaue und vor allem nicht immer die gleiche Vorstellung davon haben, dann erlauben Sie das Schnüffeln lieber überhaupt nicht, oder Sie geben dem Hund ganz bewusst mit einem Signal die Erlaubnis dafür.

→ Ist es die Summe aller Dinge? Hat er vorher schon Aufregendes erlebt, musste viel üben, hat keine Konzentration mehr? Bleiben Sie beim Spaziergang ab und zu an einer geeigneten ruhigen Stelle, stehen und geben Hund und Mensch die Chance, wieder ruhig zu werden und die Gedanken wieder zu sortieren.

→ Auch das Alltagsumfeld des Hundes spielt eine Rolle. Ein Hund, der auf dem Lande lebt, kann vielleicht perfekt an lockerer Leine an Hühnern, Kühen oder Pferden vorbeigehen, hat aber seine Schwierigkeiten, wenn er in der Stadt vielen Menschen begegnet. Umgekehrt ist ein Stadthund ganz sicher gut an Begegnungen mit vielen Menschen gewöhnt, ihm fällt es jedoch vielleicht sehr schwer beim Waldspaziergang an lockerer Leine zu bleiben, ohne an den vielen tollen Dingen zu schnüffeln.

Kleines Begegnungs-ABC

Ihr Hund muss nicht jeden begrüßen.

zu den anderen hin zieht. Auf der einen Seite freuen Sie sich, dass Ihr Hund so begeistert vom Artgenossen und so menschenfreundlich ist. Andererseits ärgern Sie sich über den ziehenden Hund und möchten eigentlich weitergehen. Vielleicht sind Sie auch unsicher und wissen nicht ganz genau, wie Ihr Hund oder der fremde bei einem direkten Zusammentreffen reagieren werden und möchten einer Konfrontation eher aus dem Weg gehen.

Viele Hundebesitzer glauben, ihr Hund müsse jedes Mal den anderen Hund abschnuppern oder die Menschen begrüßen nach dem Motto: »Er muss doch guten Tag sagen dürfen«. Aber wieso?

Für viele Hunde stellen Begegnungen mit anderen Hunden oder Menschen eine besondere Ablenkung dar. Sie fühlen sich von manchen Artgenossen wie magisch angezogen und wollen Kontakt aufnehmen, anderen möchten sie lieber aus dem Weg gehen. Menschen können spannend sein, vor allem, wenn sie sich schnell bewegen, den Hund locken oder freundlich ansprechen. Ungewöhnliche Bewegungsmuster oder Aussehen von fremden Personen irritiert oder verunsichert manche Hunde.

Wissen Sie denn, was Sie wollen?

Es ist nicht immer einfach richtig zu reagieren, wenn der Hund bei Begegnungen an der Leine

Spielen an der Leine ist nicht unproblematisch. Weil die Leinen den Handlungsspielraum einschränken, ist ein entspanntes Spiel mit allen Spielvarianten oder passendes Ausweichen auch für kontaktbereite Hund nicht immer möglich. Besonders kritisch wird es, wenn sich die Leinen der Hunde in einer solchen Situation umeinanderwickeln.

Nicht alle begegnenden Lebewesen möchten begrüßt werden. Darf der Hund immer an der Leine »Guten Tag« sagen, wird er bald daraus das Recht ableiten, selbst zu entscheiden, ob und wann er zu einem Gegenüber hinzieht. Aber wenn er dann an den Falschen gerät – einen Menschen, der sehr unfreundlich reagiert oder einen Hund, der böse auf ihn losgeht?

Jeder Hund sollte lernen, ohne direkte Kontaktaufnahme an anderen vorbeizugehen. Die meisten Hunde benötigen dazu kleinere Hilfestellungen. Beim einen genügt schon etwas mehr Abstand zum Gegenüber und das Vorbeigehen an lockerer Leine gelingt problemlos. Dem anderen hilft es, wenn Sie Ihr eigenes Verhalten oder den Ablauf der Begegnung verändern. Vielleicht müssen Sie auch einige bestellte Übungsbegegnungen einplanen, damit Sie ganz in Ruhe trainieren können, bis Ihr Hund versteht, was Sie von ihm möchten.

Ein wichtiger Faktor – der richtige Abstand

Bei einem zu geringen Abstand zur Reizquelle sind viele Hunde nicht mehr in der Lage gut zu lernen. Sie sind viel zu sehr mit der Ablenkung beschäftigt und nehmen daher die Anweisungen ihres Menschen nicht mehr wahr oder können sich nur schwer darauf konzentrieren.

Genügend Abstand zu anderen brauchen Sie auch deshalb, weil Ihr Hund auf keinen Fall zum Erfolg kommen darf, wenn er versuchen sollte, durch einen kräftigen Zug an der Leine zum Gegenüber zu gelangen.

Halten Sie in der Übungsphase mindestens einen Abstand von doppelter Leinelänge ein, für schwierigere, aufregende Begegnungen sogar viele Meter mehr.

Woran erkennen Sie den passenden Abstand? Er lässt sich leider nicht exakt in Metern messen, sondern eher in der Reaktion Ihres Hundes.

Beobachtungsaufgabe:

Durch welche Zeichen teilt Ihr Hund Ihnen mit, dass er gerade sehr großes Interesse am anderen hat?

Wie sieht er aus, wenn er eine Ablenkung wahrnimmt: Bekommt er eine Stirnfalte mehr, bewegen sich seine Ohren oder die Ohrwurzeln, wohin schaut er, geht er schneller, langsamer, wie bewegt er die Rute?

Wie sieht er aus, wenn er zu einem Blitzstart zum Gegenüber ansetzt: Spannen sich seine Muskeln an, geht er schneller, vertiefen sich die Stirnfalten, wohin geht sein Blick?

Mit einiger Übung können Sie Ihren Hund immer besser lesen und erkennen, welcher Abstand in dieser Situation richtig ist.

Ein Zeichen dafür wäre zum Beispiel: Der Hund schafft es noch, zwischendurch den Blick vom Gegenüber abzuwenden und Sie anzuschauen, er reagiert noch auf Ihre Anweisungen und nimmt das Belohnungsleckerchen behutsam entgegen.

Eine gute Basis für Begegnungen

Häufig wird der Rat erteilt, Begegnungen positiv zu gestalten. Das kann nun recht unterschiedlich ausgelegt werden.

Es sollte bedeuten: eine Begegnung stellt für den Hund keine besondere Aufregung dar. Er kann deshalb lernen, was in dieser Situation von ihm erwartet wird und fühlt sich wohl dabei. Doch was wir und der Hund unter wohlfühlen verstehen, kann ganz weit auseinander liegen.

Gerade junge Hunde verlocken andere Menschen dazu, sie ungefragt zu streicheln, zu sich zu locken oder sie lassen den eigenen Hund mit der Aufmunterung »schau, so ein netter Welpe« einfach auf ihn zulaufen. Passiert dies öfter, werden schon hier die Weichen dafür gestellt, wie Ihr Hund in Zukunft bei Begegnungen reagieren wird – aber vielleicht nicht in Ihrem Sinne. Er lernt sich wie wild zu freuen und zum anderen hin zu ziehen oder er mag diese enge Begegnung nicht und erkennt, dass er sich mit Zurückweichen oder Bellen der Situation entziehen bzw. die andern auf Distanz halten kann.

Machen Sie schon Ihren Welpen oder Junghund mit Begegnungssituationen vertraut. Eventuell brauchen Sie eine Hilfsperson, die es dem Hund leichter macht, in dem sie ihn nicht weiter beachtet oder einen ruhigen »Begegnungshund«. Gehen Sie mit Ihrem Hund in einigem Abstand am anderen vorbei. Natürlich können Sie von Ihrem Kleinen hier noch keine perfekte Leinenführigkeit erwarten. Kommt er bereitwillig mit, so loben Sie ihn dafür. Zeigt er überhaupt kein Interesse am anderen Hund oder an der Person, so sollten Sie ihn nicht extra darauf aufmerksam machen. Freuen Sie sich, dass er so gelassen mitkommt.

Zieht er etwas in Richtung des anderen, auf keinen Fall an der Leine zum anderen hinziehen lassen. Sprechen Sie Ihren Kleinen an, machen ihn auf sich aufmerksam, lenken ihn am anderen vorbei und loben ihn fürs Mitkommen.

Auch für erwachsene Hunde sollten Begegnungen normal und selbstverständlich sein. Bei zu seltenen Gelegenheiten ist eine Begegnung immer ein ganz besonderes Ereignis, das ihn aus dem Konzept bringen könnte.

Integrieren Sie den Alltag in Ihr Training: Wenn eine Ablenkung in Sicht kommt, geben Sie Ihrem Hund das Signal zum Mitlaufen an lockerer Leine oder Fußgehen und gehen mit ihm in größerem Bogen um den entgegenkommenden Hund oder Passanten herum. Der Hund muss das Signal in dem Moment erhalten, in dem er den anderen zwar wahrnimmt, sich aber noch auf Ihre Anweisung konzentrieren kann. Wichtig ist auch, dass Sie selbst nicht innerlich zögern, ob Sie jetzt stehen bleiben oder weitergehen sollen.

Hilfreich bei Begegnungssituationen ist das Signal »Schau her« (siehe Kapitel 2, Seite 39). Ihr Hund nimmt die Ablenkung wahr, Sie geben ihm das Signal für Blickkontakt, er schaut auf Sie und wird dafür mit einem Leckerchen belohnt. Dieses Vorgehen hat sich vor allem bei unsicheren Hunden bewährt, weil sie dann das Erscheinen eines anderen Hundes, eines Joggers usw. mit etwas Positivem verbinden. Ein weiteres Belohnungsleckerchen gibt es erst, wenn der Hund einige Schritte brav mit Ihnen an der Ablenkung vorbeigegangen ist, und sich nicht mehr nach ihr umdreht.

Verhalten des Gegenübers

Manche Begegnungen können das Training erschweren oder wirken sich sogar negativ aus. Leider müssen Sie immer wieder mit der Gedankenlosigkeit oder dem Unwissen Ihrer Mitmenschen rechnen: Ein entgegenkommender Hundebesitzer hat seinen Hund nicht unter Kontrolle oder lässt ihn im ungünstigsten Augenblick doch an der Leine zu unserem eigenen Hund hin. Der freundliche Passant hat keinerlei Gespür dafür, dass wir gerade mit unserem Hund üben und auf etwas Abstand bedacht sind – er rückt uns immer näher und spricht den Hund an, obwohl wir gerade versuchen, unseren Vierbeiner auf uns zu konzentrieren. Andere nützen jede sich bietende Gelegenheit, um Ihnen gute Tipps und Ratschläge in Sachen Hundeerziehung zu geben.

Natürlich können Sie nur wenig Einfluss nehmen auf die Reaktionen eines zufällig auftauchenden Hund oder Menschen. Auch aus diesem Grund bewährt sich eine bestellte Ablenkung, die zuvor genau angeleitet werden kann. Denn gerade während der Lernphase sollte besonders darauf geachtet werden, dass der eigene Hund durch das Gegenüber nicht bedrängt oder bedroht wird. Sie bringen Ihren Hund dadurch vielleicht in einen Konflikt und er könnte lernen, dass er eher seinen eigenen Empfindungen folgen soll und nicht Ihren Anweisungen.

Ein Beispiel: Frau S. will mit ihrem Rüden Mogli an lockerer Leine eng an einem anderen Hund vorbei, dieser signalisiert Mogli, er möge auf Abstand bleiben. Mogli möchte die Hunderegel einhalten, muss dabei natürlich die erwünschte Leinenposition verlassen, er zieht also vermutlich zur Seite und befindet sich dadurch im Konflikt zwischen Hundeknigge und Menschenanweisung. Spielen Sie einmal verschiedene Begegnungssituationen in Gedanken durch und überlegen, wie Sie reagieren wollen:

Wenn Sie beispielsweise dem netten Herrn Müller begegnen, der sich immer so über Ihren Hund freut – wollen Sie ohne weiteren Kontakt auf der anderen Straßenseite vorbeigehen; erklären Sie Herrn Müller, dass Sie gerade mit dem Hund trainieren oder fragen Sie, ob Sie ihn als Ablenkung benützen dürfen?

Wie gehen Sie mit den wohlgemeinten Erziehungsratschlägen um? Lassen Sie sich davon irritieren, werden Sie nervös, unsicher oder aggressiv? Ihr Hund spürt die Veränderung in Ihrem Verhalten sofort und reagiert darauf. Bleiben Sie ruhig und beenden Sie endlose Diskussionen so souverän wie möglich, damit Sie ein gutes und gelassenes Vorbild für Ihren Hund abgeben. Sie können ja daheim in Ruhe nochmals über die Ratschläge nachdenken. Vielleicht passt der eine oder andere Tipp und Sie können ihn beim Training berücksichtigen.

Es kann durchaus sinnvoll sein, bestimmte Begegnungen zunächst weiträumig zu umgehen oder ganz zu vermeiden, weil Ihr Hund zum derzeitigen Ausbildungsstand noch nicht in der Lage ist, diese zu meistern oder weil sich Ihr Gegenüber nicht an die Regeln halten kann oder will.

»Du bist aber ein Netter« – wohlmeinende, freundliche Passanten können das Erziehungskonzept durcheinander bringen.

Aufgeregt an der Leine – Gelassenheit üben

Auf dem Spaziergang kommt Ihnen ein anderer Hundebesitzer mit seinem Vierbeiner entgegen und Ihr Hund verhält sich, als hätte er noch nie etwas von Leinenführigkeit gehört. Er reagiert nicht aggressiv, zieht aber heftig an der Leine oder dreht sich ständig nach dem anderen um. Er beachtet Ihre Anweisungen überhaupt nicht mehr und hat nur noch Augen und Gedanken für das, was Ihnen begegnet.

Der kleine Hund achtet überhaupt nicht mehr auf seine Besitzerin.

Bleiben Sie ruhig und gelassen, auch wenn es schwer fällt!

Kein wütendes Schimpfen oder Reißen an der Leine oder hektisches Agieren. Der Hund nimmt das alles entweder gar nicht wahr oder betrachtet den Hundebesitzer als Vorbild und könnte dann aus dessen Verhalten lernen, dass man sich bei Begegnungen aufgeregt verhalten muss.

Den Hund nicht durch liebevolles Zureden oder Leckerchen geben beruhigen wollen, er fasst dies als Lob für sein aufgeregtes Verhalten auf.

Achten Sie darauf, dass der Hund nicht in Unruhe kommt oder Unbehagen empfindet durch die Verwendung eines bestimmten Halsbandes oder Geschirrs. Oder durch Ihre Art mit ihm umzugehen.

Nicht ungeduldig werden, wenn Sie Ihr Lernziel in viele kleine Zwischenziele unterteilen müssen und etwas länger brauchen als Ihr Nachbar.

Die Gründe für ein solch aufgeregtes Verhalten sind vielfältig, deshalb wird auch das passende Übungskonzept immer etwas anders aussehen. Ein Hund, der an der Leine zieht, weil er nicht ausgelastet und sein Bewegungsbedürfnis nicht befriedigt ist, braucht selbstverständlich ein anderes Vorgehen, als ein Hund, der aufgeregt hin und her zieht, weil er mit einer Situation überfordert, allgemein unsicher ist, oder ihn das Verhalten seines Besitzers irritiert.

Der grundsätzlich hektisch reagierende Hund wird die Hilfe eines dafür ausgebildeten Trainers benötigen. Wir möchten an dieser Stelle auf zwei häufige Ursachen näher eingehen, die oft »hausgemacht« sind und sich fast unmerklich entwickeln.

Erwartungshaltung

Zieht der Hund ganz aufgeregt an der Leine, weil er beispielsweise immer an einer bestimmten Stelle von der Leine gelassen wird und er dort damit rechnen kann, immer um diese Tageszeit seinen Kumpel und dessen Herrchen zu treffen, der so lecker schmeckende Würstchen verteilt?

Manche Hunde nehmen dann diese Erwartung vorweg und beginnen immer früher zu ziehen.

Zunächst nur die letzten paar Meter bis zum Treffpunkt, dann schon auf dem Weg dorthin, irgendwann beginnt das Leineziehen schon an der Kurve davor.

Der Hundebesitzer nimmt dies zunächst nicht bewusst wahr, ab und zu wird der Hund getadelt, aber unbeabsichtigt bestätigt der Hundebesitzer immer wieder das Verhalten des Hundes: »Ja, ja gleich sind wir da, dann triffst du Arco« und dann dort angekommen: »Warte doch, sei doch nicht so aufgeregt, ich mach dich doch schon los ...« Was lernt der Hund? Er möchte zu einem anderen Hund, zieht deshalb an der Leine, und der Mensch beeilt sich sehr, den Wünschen des Hundes nachzukommen – auch wenn er ab und zu dabei etwas ungehalten ist.

Es gibt Hunde, die dann nur in dieser bestimmten Situation ziehen, andere weiten dieses Ziehen auf fast alle Begegnungen aus.

Training:

Ideal ist es, wenn der Hundefreund seine Mitarbeit anbietet. Vereinbaren Sie zum Beispiel immer mal wieder einen neuen Treffpunkt oder gehen Sie mit Ihrem Hund öfters auf einem anderen Weg zum vereinbarten Punkt, dadurch nehmen Sie die Erwartung weg. Oder Sie gehen zum Treffpunkt, der andere ist nicht oder noch nicht da. Zieht Ihr Hund in Erwartung des anderen, dann arbeiten Sie wie in Kapitel 3, Seite 49–51 beschrieben mit Richtungsänderungen oder Stehen bleiben.

Wenn Sie dann mit dem anderen Hund zusammentreffen, bleiben die Hunde zunächst noch an der Leine, beschnuppern sich auch nicht, sondern halten einige Meter Abstand. Anschließend üben Sie Vorbeigehen am Hundefreund an lockerer Leine. Es ist durchaus möglich, dass Sie hierfür zunächst mehrere Meter Abstand benötigen und vermutlich muss sich der andere Hund erst mal ganz ruhig verhalten, damit die Übung gelingt.

In einem weiteren Übungsschritt können Sie den Abstand verringern und auch der Übungshund bewegt sich mehr oder weniger schnell. Sie können auch die ersten Minuten des Spaziergangs beide Hunde an der Leine ruhig in einigem Abstand nebeneinander führen.

Möchten Sie die Hunde später miteinander spielen lassen, so achten Sie unbedingt darauf, dass Sie die Leine nicht in dem Moment lösen, in dem Ihr Hund zum anderen drängt. Lassen Sie ihn zum Beispiel erst in Ruhe absitzen, oder gehen Sie bewusst nochmals einige

Gut gemeintes Training mit dem Hundefreund – aber der Abstand ist zu gering. In einer solchen Trainingssituation ist gutes Timing und vorausschauendes Verhalten besonders wichtig: Der helle Hund zeigt beim Näherkommen deutliches Interesse am Gegenüber – noch ein Schritt weiter – und er hängt in der Leine.

Meter mit dem angeleinten Hund weiter. Erst dann lösen Sie die Leine, der Hund muss nochmals kurz warten und erhält dann das Signal zum Freilauf.

Findet Ihr Hund hauptsächlich den netten Hundebesitzer mit seinen Leckerli anziehend, so gibt es diese Leckerbissen nicht mehr, zumindest nicht gleich beim Zusammentreffen.

Unerwünschte Verknüpfungen

Manche Hunde haben nie gelernt, in Anwesenheit von anderen Hunden oder Menschen

ruhig zu bleiben und konzentriert darauf zu sein, was Sie von ihm wollen.

Die Ursache dafür könnte schon in der Welpenzeit liegen.
Wie war das damals in der Welpengruppe, bei den Welpentreffen des Züchters, oder als Sie neu mit Ihrem jungen Hund auf die Hundewiese kamen?

Sie kamen an, Autotüre auf, Hund raus und mitten ins Spielgetümmel?

Die anderen Menschen und Hunde haben sich gefreut, der Hund wurde gestreichelt und hat bis zum Müdewerden mit anderen getobt?

Das Programm bestand überwiegend aus Spiel und Spaß?

Hatte der Hund bei Übungssequenzen wirklich die Möglichkeit zur Ruhe zu kommen und konzentriert auf das zu sein, was Sie von ihm wollten oder saß er sozusagen immer in den Startlöchern hin zu den anderen?

73

Viele Treffen laufen so ab und viele Hunde haben damit keine Probleme. Sie freuen sich an den Menschen, toben mit den Artgenossen und lernen trotzdem, was ihre Menschen von ihnen erwarten. Für manche Hundepersönlichkeiten allerdings ist dieses Vorgehen absolut ungeeignet. Sie verknüpfen schon nach wenigen Treffen: Andere Menschen und Hunde bedeuten Aufregung.

Hat Ihr Hund gelernt, dass andere Menschen und Hunde für ihn die Vorboten von Spiel und Spaß bedeuten, wird er vermutlich bei fast allen Begegnungssituationen aufgeregt an der Leine ziehen. Je öfter es der Hund in diesen Situationen schafft seinen unaufmerksamen Besitzer durch einen Blitzstart oder kräftiges Ziehen zu überraschen und er zum Ziel seiner Wünsche gelangt, umso mehr lohnt sich dieses Verhalten für den Hund.

Auch wenn Sie Ihrem Hund das Spiel mit den Artgenossen gönnen oder es nicht so schlimm finden, wenn er auf die Übungsgruppe zu zieht, muss Ihnen bewusst sein, dass es nicht nur beim Ziehen in der einen Situation bleibt und es auch nicht reine Lebensfreude und Aktivität ist, sondern für Ihren Hund vielfach Stress und Anspannung bedeuten kann.

Training

Für viele dieser Hunde ist es hilfreich, wenn Sie nochmals an den Grundlagen arbeiten. Der Hund sollte zunächst in einem ruhigen Umfeld lernen, sich auf Sie zu konzentrieren.

Wenn andere Hunde nur Spiel und Spaß oder Aufregung bedeuten, fallen ruhige Begegnungen an der Leine schwer.

Ruhige Begegnungen sollten selbstverständlich werden. Wenn sie nur selten stattfinden, werden sie jedes Mal zu einem besonderen Ereignis.

Dann trainieren Sie die Leinenführigkeit mit leichten Ablenkungen und in unterschiedlicher Umgebung. Erst wenn der Hund hier an lockerer Leine läuft, können Sie erste Begegnungen trainieren. Ihr Ziel ist immer der ruhig und entspannt mit gehende Hund, der sich noch auf Sie und Ihre Anweisungen konzentrieren kann. Können Sie ihn nur mühsam unter Kontrolle halten, war der Abstand zu gering, oder die Ablenkung zu aufregend. Achten Sie nicht nur beim Üben, sondern auch im Alltag auf einen großen Abstand zu anderen, damit Ihr Hund nicht doch mit einem Blitzstart zum Artgenossen gelangt.

Wenn Sie weiterhin in einer Übungsgruppe trainieren oder sich mit anderen treffen möchten, können folgende Punkte noch hilfreich sein:

Wenn möglich: Gehen Sie mit Ihrem Hund auch außerhalb der Übungsstunden immer mal wieder zum Übungsgelände, ohne dass dort etwas Besonderes passiert. Nehmen Sie nicht immer die gleiche Strecke zum Übungsgelände, wenn sich Ihr Hund schon auf dem Weg dorthin aufregt.

Versuchen Sie, vor den anderen dort zu sein, damit Sie noch Gelegenheit haben, den Hund auf sich zu konzentrieren und mit ihm beispielsweise noch einige Gehorsamsübungen machen können.

Lassen Sie den Hund nicht vor der Übungseinheit spielen, wenn überhaupt, dann besser danach.

Aggressiv an der Leine – Neutralität trainieren

Aggressives Verhalten an der Leine fängt oft ganz harmlos an und fast immer finden sich Erklärungen dafür, warum der Hund in dieser Situation so reagiert hat. Zunächst ist es vielleicht nur der einsame Spaziergänger, der ab und zu beim Abendspaziergang verbellt wird; mal wird ein Artgenosse angeknurrt, der plötzlich um die Ecke biegt oder das Kind, welches laut kreischend auf den Hund zu rennt.

Warum sich der Hund so verhält, kann ganz unterschiedliche Gründe haben: Er fühlt sich gesundheitlich nicht wohl. Er ist unsicher, weil er noch wenig Erfahrung sammeln konnte mit anderen Hunden oder Menschen, oder

hat in einer ganz bestimmten Situation schon schlechte Erfahrungen gemacht. Vielleicht ist er an einem Punkt seiner Entwicklung, an dem er einfach nicht genau weiß, wie er sich verhalten soll (beispielsweise in der Pubertät) – er erschrickt leicht oder reagiert etwas überzogen.

Eine häufige Ursache ist auch, dass der Hund an der Leine keine Möglichkeit hat, passend auf den anderen zu reagieren. Weil die Leine den Weg vorgibt, hat er bei Begegnungen kaum Freiraum um auszuweichen und versucht deshalb oftmals mit anderen Mitteln etwas Abstand zu erreichen.

Im Freilauf kann ein Hund sein ganzes Verhaltensrepertoire ausschöpfen, an der Leine sind seine Möglichkeiten stark eingeschränkt.

Der Hund möchte, aus welchem Grund auch immer, durch sein aggressives Verhalten die Distanz zum Gegenüber vergrößern. Und das Fatale an der Sache ist: Der Hund lernt, dass sein Verhalten funktioniert.

Durch das Drohen gewinnt er eine gewisse Distanz, denn die anderen gehen auf Abstand. Viele überraschte Besitzer versuchen ihren Hund in einer solchen Situation mit Reden oder Streicheln zu beruhigen und zu beschwichtigen. Dadurch bestärken sie ihn jedoch eher für sein Verhalten.

Zunehmend geraten Hund und Mensch in einen Teufelskreis, das aggressive Verhalten bleibt kein Einzelfall mehr, und der Mensch fängt an angespannt und mit Argusaugen in die Gegend zu spähen, um mögliche Begegnungen rechtzeitig zu erkennen.

Vorbereitung auf das Training

Dazu gehört, sich der Realität zu stellen und das Trainingsziel so realistisch wie möglich formulieren, auch wenn es bedeutet, dass Sie sich von der einen oder anderen idyllischen Vorstellung verabschieden müssen.

Ihr Hund muss andere Hunde oder Menschen nicht lieben, aber die meisten Hunde können mit Hilfe ihrer Besitzer lernen, neutral in einem gewissen Abstand daran vorbeizugehen.

Im Rahmen dieses Buches können wir Ihnen nur erste Anleitungen geben. Manchmal braucht man dazu professionelle Hilfe, die den Hund richtig einschätzen kann und mit Ihnen zusammen ein genau für diesen Hund passendes Erziehungskonzept erarbeitet, weil jeder Hund individuell gesehen werden muss.

Ihre eigene Aufregung

Ihr Verhalten hat einen entscheidenden Einfluss auf das Verhalten Ihres Hundes, weil er sich an Ihnen orientiert oder sich Hilfestellung von Ihnen in dieser Situation erhofft. Beobachten Sie sich selbst einmal, ob sich Ihr Verhalten bei solchen Begegnungen verändert und an welchen Punkten Sie an sich arbeiten sollten:

Bekommt Ihre Stimme einen flehenden oder drohenden Unterton, fassen Sie die Leine fester, verändern Sie Ihre Körperhaltung, gehen beispielsweise langsamer oder betont forsch auf den anderen zu? All diese Anzeichen signalisieren Ihrem Hund, dass Sie jetzt auch etwas hilflos sind, oder sie machen den Hund erst recht aufmerksam.

Zögern Sie unsicher und überlegen, was Sie jetzt tun, oder welche Anweisung Sie Ihrem Hund geben sollen? Dann wird er Sie nicht als große Hilfe in dieser Angelegenheit betrachten. Er wird weiter so handeln, wie er es jetzt für richtig hält.

Reden Sie aufgeregt oder laut auf Ihren Hund ein? Dann dürfen Sie sich nicht wundern, wenn er sich erst recht aufregt. Sie schaffen es ja auch nicht, gelassen zu bleiben. Oder er interpretiert dann Ihr Verhalten so, dass es wirklich etwas zum Aufregen gibt, oder Sie nun zusammen mit ihm die anderen angreifen wollen.

Versuchen Sie den Hund durch Leinenrucke, eng angezogenes Halsband oder Anschreien ein besseres Verhalten beizubringen? Dies regt ihn wahrscheinlich zusätzlich auf. Immer, wenn ein anderer Hund auftaucht, tut es weh, also wird er dann erst recht aufpassen und angespannt sein.

Wenn Sie Ihren Kleinhund in solchen Situationen auf den Arm nehmen, löst dies das Problem auch nicht auf Dauer. Es besteht zusätzlich das Risiko, dass andere Hunde an Ihnen hochspringen, um den vielleicht aufgeregt kläffenden Hund auf Ihrem Arm zu erreichen.

Versuchen Sie Ihren Hund mit einem Leckerchen zu bestechen, wenn er sich bereits in seine Aufregung und Aggression hineingesteigert hat? Es wird vermutlich nicht funktionieren. Der Hund nimmt die Bestechung entweder gar nicht mehr wahr, weil er so auf den Gegenüber konzentriert ist, oder nimmt es an, fasst es dann aber als Belohnung für sein Tun auf.

Der Trainingsort

Oft meiden Hundebesitzer Gegenden, in denen viele Hunde unterwegs sind, aus Angst vor unliebsamen Erfahrungen. Dadurch löst sich das Problem jedoch nicht, denn je weniger Begegnungen der Hund hat, umso spannender und aufregender werden sie. Sie sollen sich aber auch nicht sofort ins Getümmel stürzen. Ein gut geeignetes Übungsgelände für die ersten Trainingseinheiten ist:

● Eine Umgebung, in der Sie selbst sich auskennen, sicher fühlen und größere Flächen überblicken können. Abstand und weiträumiges Ausweichen muss möglich sein, ohne in Gefahr zu geraten. Ganz nützlich ist es, wenn das Gelände zusätzlich noch Barrieren aufweist, die als Sichtschutz dienen können. Dies könnten geparkte Autos sein, eine Garageneinfahrt oder eine Hecke.

● Ein Gebiet, in dem die Hunde überwiegend angeleint unterwegs sind, damit Sie nicht von einem plötzlich auf Sie zurennenden Hund überrascht werden. Solche Bedingungen findet man in Parks, in denen Leinenpflicht herrscht, in der Nähe eines Übungsplatzes, während andere Hunde dort kontrolliert trainieren, oder in der Umgebung von Tierheimen oder Tierarztpraxen. Aber nur, wenn die dort herrschende Aufregung und das Bellen Ihren Hund nicht zusätzlich nervös machen.

Der geeignete Übungspartner

Wenn Sie nur wenig passende Begegnungen mit angeleinten Hunden haben, verabreden Sie sich mit anderen Hundebesitzern für eine Übungsstunde.

Der geeignete Übungspartner: ruhiger Hund und gelassener Besitzer.

Der ideale Übungspartner für die ersten Begegnungen wäre:

> Hund – ruhig, gelassen, mit gutem Grundgehorsam
>
> Besitzer – ruhig, hat seinen Hund unter Kontrolle, hält sich an Ihre Anweisungen und bringt Sie nicht ständig mit gut gemeinten Ratschlägen aus dem Konzept. Im Idealfall hilft er Ihnen durch gute Beobachtungen und sachliche Korrekturen.

Verändern Sie Ihre Übungssituationen immer mehr zugunsten der Alltagstauglichkeit. Sonst klappt es in einem bestimmten Übungsgebiet mit einem bestimmten Übungshund ganz gut – aber in Alltagssituationen gibt es nach wie vor das gleiche Theater.

Das praktische Training

Besitzer von an der Leine unfreundlichen Hunden befinden sich in einem Anspannungszustand, der nur begrenzt durch den Verstand gesteuert werden kann.
Mentale Einstimmung auf das Training und gewisse Vorüberlegungen helfen, aber ohne praktisches Training wird sich kein Erfolg einstellen. Dies erfordert etwas Mut, weil man sich bewusst einer eher unangenehmen Situation stellen muss.

Deshalb empfehlen wir ein Training der kleinen Schritte, bei dem die ersten Übungseinheiten noch nichts mit der direkten Begegnung zu tun haben. Auf diese Weise gelingt es oftmals bei Hund und Besitzer eine gewisse Sicherheit zu erreichen und die Motivation, den nächsten Schritt in Angriff zu nehmen.

1. Trainingsschritt

Grundlagen festigen

Üben Sie die Leinenführigkeit nochmals in anderen Situationen. Suchen Sie sich alle Alltagsbegebenheiten, die Ihnen einfallen – jedoch ohne die gefürchteten Begegnungen. Wenn Sie und Ihr Hund es schaffen an lockerer Leine, an der auffliegenden Krähe, dem verlockenden Komposthaufen, dem Ball spielenden Lebensgefährten oder ähnlich aufregenden Dingen vorbeizugehen, dann sind Sie bereit für den nächsten Schritt.

2. Trainingsschritt

Das richtige Handling

Meist »kracht« es, wenn Ihr Hund direkt auf das Gegenüber zugeht, oder er den anderen schon auf viele Meter sehen und fixieren kann. Von alleine wird er dieses Verhalten nicht unterlassen, aber damit er es besser machen kann, braucht er Ihre Unterstützung: Machen Sie dem Hund das unerwünschte Verhalten unmöglich, bieten Sie ihm eine Alternative an, indem Sie ihm ein Verhalten beibringen, das sich mehr lohnt, als den Hund oder Mensch gegenüber aggressiv anzugehen.
Auch diesen Trainingsschritt können Sie zunächst in einer Art »Trockentraining« üben, bis Sie sich sicher fühlen und Ihr Hund das gewünschte Verhalten zuverlässig zeigt.

Alternative erlernen

Eine gute und machbare Alternative wäre beispielsweise: Der Hund schaut Sie an und geht mit Blickkontakt zu Ihnen am anderen vorbei (siehe Kapitel 2 »Schau her«).

Unerwünschtes Verhalten nicht mehr zulassen

Je nach Hund und Art der Begegnung genügt es schon, den Hund in einem größeren Bogen am Gegenüber vorbei zu führen.

Manche Hunde haben ihr aggressives Verhalten an der Leine schon so lange praktiziert und es ist für sie so spannend und auch lohnend, dass ein »Schau her« und ruhiges Weitergehen im Bogen nicht ausreicht. Hier benötigen Sie deutliche Richtungswechsel, damit der Hund sein unerwünschtes Verhalten nicht weiter perfektionieren kann. Es hat sich bewährt, diese Richtungsänderungen zunächst mit unterschiedlich interessanten Ablenkungen zu üben, ehe sie dann auch bei aufregenden Begegnungen zum Einsatz kommen. Ändern Sie beispielsweise die Richtung, wenn Sie auf ein tolles Spielzeug zugehen, biegen Sie ab, ehe Sie den Komposthausen, das Mauseloch erreicht haben. Drehen Sie dicht vor Ihrem Partner um, der mit einem leckeren Butterbrot auf der Bank sitzt usw.

Wichtig bei ihrer Trockenübung mit Ablenkungen ist: Die Übungssituation muss so aufgebaut werden (zunächst geringe Ablenkung, großer Abstand, usw.), dass der Hund nicht mehr zu seinem erwünschten Ziel kommt. Natürlich wäre es nicht wirklich schlimm, wenn er durch einen heftigen Zug an der Leine das Mauseloch doch noch erreichen würde – bei Hundebegegnungen jedoch sind Sie darauf angewiesen, dass es klappt. Wenden Sie anfangs immer frühzeitig und souverän ab, damit daraus kein Gerangel mit dem Hund entsteht. Gut mit dem Besitzer mitgehen und dafür eine Belohnung bekommen, muss die einzige mögliche Alternative werden.

Halti (Kopfhalfter) einsetzen:

Manchen Hunden fällt es ausgesprochen schwer, sich in Bewegungssituationen auf den Besitzer zu konzentrieren, auch wenn sie dies zuvor im Trockentraining geübt haben.

Hier kann ein Kopfhalfter sinnvoll sein, um den Blickkontakt des Hundes zum Gegenüber zu unterbrechen. Somit fällt es dem Hund auch wieder leichter, sich auf das zu konzentrieren, was sein Besitzer von ihm möchte.

Für den Besitzer bringt das Halti den Vorteil, dass er an Sicherheit gewinnt, weil er den Hund besser führen und kontrollieren kann. Diese Sicherheit überträgt sich auch auf den Hund.

Damit das Halti auch wirklich eine Hilfe darstellt und nicht zusätzlich für Aufregung sorgt, ist es wichtig, dass Sie absolut korrekt und sachgemäß damit umgehen (s. auch Kapitel 2 – Erziehungshilfen).

Trainieren Sie das Führen am Kopfhalfter deshalb zunächst in ruhigen Spaziergehsituationen. Dann führen Sie Ihren Hund mit Hilfe des Halti an unterschiedlichen spannenden Dingen vorbei.

Erst wenn es Ihnen gelingt mit ruhigem, aber gezieltem Halti-Einsatz an besonders interessanten Objekten oder Personen vorbeizugehen oder direkt vor diesen umzudrehen, können Sie das Kopfhalfter auch bei Begegnungen einsetzen.

3. Trainingsschritt

Erste Begegnungen

So vorbereitet können Sie sich nun an erste Begegnungen wagen. Ein wichtiges Lernziel für Mensch und Hund ist: Beim Anblick eines Gegenübers muss man sich erst gar nicht aufregen. Wenn dies gelingt, ist es auch ein guter Maßstab dafür, dass Sie Ihre Übungsbegegnung richtig aufgebaut haben.

Dafür brauchen Sie zunächst noch einen sehr großen Abstand, damit Sie das Gefühl haben, die Situation kontrollieren zu können, und der Hund Ihre Anweisungen wahrnehmen kann. Lassen Sie sich nicht irritieren, wenn Sie anfangs eine ganze Straßenbreite Abstand benötigen, oder nur in zwanzig Metern Entfernung vorbeigehen können und noch nicht auf Gehwegbreite. Wichtig ist zunächst nur, dass es Ihr Hund schafft, ohne Aufregung und Gezerre, aber mit Konzentration auf Sie am Gegenüber vorbeizugehen. Nur so gewinnen auch Sie Sicherheit und bekommen die nötige Gelassenheit zurück.

Trotzdem ist es wichtig, dass Ihr Hund den anderen wahrnehmen kann, ehe Sie beispielsweise umdrehen oder ihn mit »Schau her« auf sich konzentrieren. Wenn Sie vor lauter Angst dem Hund nicht mehr die Gelegenheit geben, ein Gegenüber wahrzunehmen, weil Sie ihn beispielsweise so intensiv ablenken oder sofort in die nächste Garageneinfahrt zerren, kann er auch kein besseres Verhalten lernen.

Begegnen Sie dem Übungspartner, geben Sie Ihrem Hund das Signal zum Herschauen und gehen mit ihm in großem Abstand am anderen vorbei.

Am sinnvollsten kommt Ihre Anweisung an den Hund in dem Moment, in dem er den entgegenkommenden Hund oder Mensch zwar wahrnimmt, aber noch fähig ist, auf Sie zu reagieren. Lernen Sie den richtigen Moment zu erkennen, in dem Sie Ihren Hund beobachten und seine Aufregungszeichen erkennen. Dies kann die Stellung der Ohren oder Rute sein, ein Stirnrunzeln, die Körperspannung oder eine Veränderung des Lauftempos. Je früher Sie bemerken, dass Ihr Hund jetzt dabei ist, sich aufzuregen, umso früher können Sie reagieren.

Es ist immer eine Gratwanderung, ob diese Unterstützung (»Schau her« und Abstand) schon ausreichend ist für den Hund. Es ist abhängig von der Gesamtsituation, vom Gegenüber und vom momentanen Befinden Ihres Hundes und von Ihnen. Ein guter Anhaltspunkt ist das Verhalten Ihres Hundes: Schafft er es auf Sie konzentriert zu bleiben, könnten Sie weitergehen. Bekommt er den »Tunnelblick«, das bedeutet, er kann von sich aus nicht mehr wegschauen vom anderen, dann braucht er dringend weitere Hilfe von Ihnen.

Ehe also der Hund wieder knurrend in der Leine hängt, gehen Sie lieber auf Nummer Sicher und helfen Sie ihm, das bisher gezeigte, unerwünschte Verhalten nicht mehr zu zeigen. Aber handeln Sie – ehe Ihr Hund handelt! Jetzt kommen Ihre Richtungswechsel ins Spiel, die Sie ja bereits zuvor geübt haben. Gehen Sie nicht auf geradem Weg auf den anderen zu. Wechseln Sie die Straßenseite, ändern Sie Ihre Richtung oder weichen Sie aus, indem Sie zum Beispiel in eine Einfahrt einbiegen oder ein geparktes Auto umrunden. Dies sollte so zügig

Wohin könnten Sie hier ausweichen?

4. Trainingsschritt

Abstand verringern

Nach und nach verringern Sie den Abstand, bis sich eine Distanz eingespielt hat, die alltagstauglich ist, aber auch so, dass Ihr Hund auf die Dauer damit klarkommen kann. Nicht für jeden Hund ist das Ziel der Halbmeterabstand! Für manche Hunde sind Begegnungen auf der Distanz eines breiten Gehwegs schon das maximal erreichbare Ziel.

wie möglich, aber sehr gelassen geschehen. So, als hätten Sie schon immer geplant, gerade hier umzudrehen oder die Straße zu überqueren. Kommt Ihr Hund brav mit, so wird er gelobt. Achten Sie aber darauf, ihn nicht in dem Moment zu belohnen, in dem er sich noch nach dem anderen Hund umdreht und seine Aufmerksamkeit immer noch dem anderen gilt.

Diesen beiden Hunden gelingt die Begegnung gut.

Unerwartete Begegnungen – Hilfe oder Stress

Auch wenn fremde, zufällig vorbeikommende Hunde oder Personen für Sie zunächst den Adrenalinspiegel in die Höhe treiben, meiden Sie diese nicht grundsätzlich.

Vielen Hundebesitzern hilft es, vorher in Ruhe zu überlegen, in welchen Situationen die Begegnung eine willkommene Übungsgelegenheit ist, wann dies noch nicht gelingt, und wie Sie dann jeweils handeln werden. Je besser Sie vorbereitet sind, umso hilfreicher für den Hund:

Ist diese Begegnung jetzt schon möglich? Wenn nicht – wohin könnten Sie sich souverän abwenden?

Können Sie die Anwesenheit der anderen als Trainingsmöglichkeit verwenden, in dem Sie beispielsweise in einem sehr großen Abstand daran vorbeigehen, oder auf sie zugehen und aber rechtzeitig abbiegen?

Manchen Hunden fällt es leichter, zunächst in großem Abstand hinter einem anderen Hund herzugehen, als ihm entgegen, oder vor ihm her zu gehen.

Nicht sinnvoll ist ein Zusammentreffen, wenn der Ausbildungsstand des Hundes dies noch nicht erlaubt, wenn der andere Hund frei läuft und nicht unter Kontrolle ist und wenn ein Ausweichen nicht möglich ist.

Was tun Sie, wenn plötzlich einer um die Ecke biegt? Wer könnte Ihnen wo begegnen, wohin könnten Sie zur Not ausweichen?

Notfallplan für unerwartete Begegnungen

Trotz vieler Überlegungen und gutem Trainingsaufbau wird es sich im Alltag nicht vermeiden lassen, plötzlich an der Ecke auf andere zu treffen. Wenn Ihr Hund dann bellend und tobend in der Leine hängt, hilft meist nur noch ein Krisenmanagement:
Wichtig ist, dass Sie nicht hilflos abwarten, bis sich die Situation immer mehr verschlimmert, sondern aktiv werden. Diskussionen mit Ihrem Gegenüber nützen in diesen Situationen meist wenig. Jede Sekunde, in der Sie die Aufmerksamkeit auf den anderen Hundebesitzer richten, lenkt Sie von Ihrem Hund ab. Und er ist es, der jetzt Ihre ganze Aufmerksamkeit und eine gute Hilfestellung benötigt. Bleiben Sie ruhig, drehen Sie um und entfernen Sie sich so bestimmt und gelassen wie möglich. Rennen Sie nicht hektisch weg, aber bleiben Sie in Bewegung. Dies vermittelt Ihrem Hund, dass Sie wissen, was zu tun ist und beschäftigt ihn gleichzeitig. Reden Sie dabei nicht auf den Hund ein, versuchen Sie nicht ihn mit Anweisungen zu einem besseren Verhalten aufzufordern, er wird es in dieser Situation vermutlich überhaupt nicht zur Kenntnis nehmen. Gehen Sie zügig weiter, bis Sie den Abstand zum anderen erreicht haben, in dem es Ihrem Hund wieder möglich ist, sich auf Sie zu besinnen. Dann können Sie ihn zu einer ruhigen Übung auffordern, für die er natürlich auch belohnt wird.

5

Auf der Suche nach Fehlerquellen

- Mein Hund hat nicht verstanden, was ich von ihm möchte
- Die Spitze des Eisbergs
- Übungsvorschläge zur Leinenführigkeit

Lösungsansätze

Auch wenn das Problem »Hund zieht an der Leine« für viele Hunde zutrifft, die Gründe und Lösungsansätze sind sehr verschieden. Es ist in einem Buch nicht möglich, individuelle Analysen zu erstellen und passende Therapiewege aufzuzeigen. Die folgenden Checklisten dienen als erste Hilfestellung bei der Suche nach den Fehlerquellen.

Mein Hund hat nicht verstanden, was ich von ihm möchte

Fehlerquelle	Fehlerbeschreibung	Abhilfe
Signale	Unklare Definition des Signals ■ auf das gleiche Signal wird einmal korrektes Gehen gefordert, ein anderes Mal werden Nachlässigkeiten toleriert	Eindeutige Definition für jedes Signal aufschreiben: Was genau soll mein Hund tun, wenn ich dieses Signal gebe? Im weiteren Verlauf der Ausbildung sich immer wieder diese Definition ins Gedächtnis rufen!
	Falsche Verknüpfung ■ Hund hat das bisherige Signal völlig falsch verknüpft, versteht überhaupt nicht mehr, was Sie von ihm möchten	Neues Signal mit entsprechend genauer Definition (s.o.) einführen, das sich von dem bisher verwendeten deutlich unterscheiden muss. Ist oftmals besser als bisheriges Signal nachbessern!
	Verwendung von mehreren Signalen oder »unqualifiziertes« Einreden auf den Hund ■ in stressigen Situationen redet der Hundebesitzer zu viel auf den Hund ein, verwendet eine Kette von verschiedenen Wörtern mit und ohne Bedeutung für den Hund ■ Für die gleiche Handlung werden unterschiedliche Signale gegeben	Tief Luft holen, nachdenken und das eingeführte Signal in gewohntem Tonfall verwenden. Führerfehler, nicht Hundefehler!

Fehlerquelle	Fehlerbeschreibung	Abhilfe
Signale	Unbewusste Kombination mit zusätzlichen optischen Signalen wie Armbewegungen oder Handzeichen	Bei der Einführung hat der Hund gelernt, nur auf die Kombination von optischen und akustischen Signalen zu reagieren. Verwendet der Hundebesitzer nur noch eines davon (zum Beispiel in einer Prüfung), reagiert der Hund nicht mehr. Beim Einführen des Signals sich selbst genau beobachten: Welche Signale gebe ich? Das eingeführte Signal immer gleich geben, unbeabsichtigt antrainierte Signale abbauen.
	Unbewusste Kombination mit zusätzlichen taktilen Signalen wie Leinenruck oder Leinenzug. Viele Hundebesitzer rucken an der Leine, bevor sie das verbale Signal geben und loslaufen. Der Hund verknüpft den Ruck am Halsband mit Loslaufen.	Der Hund reagiert nicht mehr, wenn der Ruck am Halsband ausbleibt. Sich selbst gut beobachten, evtl. Beobachtung durch Hilfsperson: Welche Signale gibt der Besitzer normalerweise? Unbeabsichtigt antrainierte Signale abbauen.
Timing und Verknüpfung	Beschwörendes Wiederholen des Signalwortes, ohne dass der Hund dessen Bedeutung verknüpft hat.	Grundlagen trainieren, dabei auf passendes Lernumfeld achten: Je eindeutiger der Hund ein Signal, Lob oder die Korrektur mit dem, was er gerade tut, oder unterlässt, verknüpfen kann, umso besser kann er verstehen, was Sie von ihm möchten.
	Die Leine wird nur dann eingesetzt, wenn es brenzlig wird, etwa wenn Jogger entgegenkommen oder ein anderer Hund. Oft erfolgt ein energisches Signal und ein Griff bzw. Kürzerfassen der Leine. Sonst darf der Hund frei laufen. Der Hund verknüpft das Auftauchen von anderen mit dem Ende der Freiheit und einer Art »Alarmzustand«.	Unerwünschte Verknüpfungen vermeiden und lernen, aus Hundesicht zu denken. Gehen an der Leine immer wieder üben, ohne dass andere Menschen oder Hunde in der Ferne auftauchen. Anleinen darf nicht zum Alarmzustand werden. Bei Begegnungen keine Anspannung in Stimme und Körperhaltung – dem Hund vermitteln, dass Anleinen eine Selbstverständlichkeit ist.

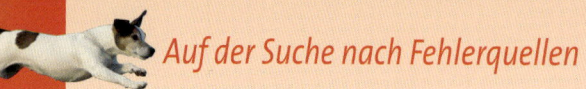
Fehlerquelle	Fehlerbeschreibung	Abhilfe
Timing und Verknüpfung	Gewohnheiten: Hund verknüpft zum Beispiel den Gang zur Haustür, das Anziehen der Jacke mit Gassigehen und ist schon aufgeregt voll freudiger Erwartung. Diese Aufregung setzt sich auf dem Spaziergang fort.	Ruhiges Abwarten und **Anleinen und Aus-dem-Haus-Gehen üben.**
Unpassende Verstärkung/ Belohnung	Verwendung einer gut gemeinten, aber für diesen Hund unpassenden Belohnung.	Passende Belohnung finden. Wenn Ihr Hund beim Anblick von Spielzeug wie ein Gummiball auf und nieder hüpft, bekommen Sie ihn damit langfristig nicht zum ruhigen Fußgehen, sondern beenden die Übung mit einem wilden Gehopse. Belohnung kann Stimme, Körperkontakt, Leckerchen oder Spielzeug sein.
Unpassende Motivation	Verwendung eines gut gemeinten, aber für diesen Hund unpassenden Motivationsgegenstands. Ihr Hund interessiert sich beispielsweise nicht für Spielzeug, aber Sie halten ihm ein Spielzeug vor die Nase. Ihr Leckerchen schmeckt nicht, oder der Hund bekommt ohne Grund ständig einen Belohnungshappen.	Herausfinden, welcher Motivationsgegenstand oder welches Motivationsleckerchen Ihren Hund begeistern kann. Nicht ständig den Hund mit Leckerchen oder Worten überhäufen.
Bestechung statt Belohnung	Der Hund wird mit einem Leckerchen oder einem Spielzeug »bestochen« und kann auswählen, ob er sich bestechen lässt oder ob er weiter an der Leine zieht. Ist die Bestechung nicht attraktiv genug, wird er vermutlich weiter an der Leine ziehen.	Belohnen und nicht bestechen: Erst muss das erwünschte Verhalten angeboten werden, dann gibt es die Belohnung. Auf exaktes Timing achten: Das richtige Verhalten belohnen! Übungssituation so gestalten, dass nicht zu viel Ablenkung da ist.

Fehlerquelle	Fehlerbeschreibung	Abhilfe
Richtiges Verhalten wird nicht mehr belohnt	Wenn der Hund das erwünschte Trainingsziel erreicht hat, wird er nicht weiter dafür belohnt. Das richtige Verhalten lohnt sich nicht mehr für den Hund, er wird es weniger zeigen.	Auch beim ausgebildeten Hund immer wieder das erwünschte Verhalten belohnen.
Unsachgemäßer Einsatz von negativen Verstärkern	Ziehen an der Leine wird bestraft mit Leinenruck, Werfen von Wurfscheiben, Schläge auf die Schnauze oder dem Einsatz der Wasserpistole. Zeigt der Hund dann das erwünschte Verhalten, wird er nicht weiter dafür belohnt. Für den Hund lohnt sich das erwünschte Verhalten nicht wirklich.	Die meisten Hunde verknüpfen schnell die Anwesenheit des Strafhilfsmittels mit der Strafe. Man wird vom Hilfsmittel abhängig. Der Hund geht etwa nur dann an der Leine, wenn das Stöckchen dabei ist. Andere Erziehungsmittel wählen, es gibt Besseres!
Verallgemeinern	Auf dem Übungsplatz oder in einer Übungssituation klappt das Leinegehen, auf dem Spaziergang nicht.	Dem Hund beibringen, dass das gegebene Signal und sein richtiges Verhalten wichtig sind und dies in jedem Umfeld. Beim Üben Orte wechseln, nicht immer an derselben Stelle oder nur auf dem Übungsplatz. Ablenkungen schrittweise steigern.

So lange das Training noch nicht vollständig abgeschlossen ist, darf das zu erlernende Signal nur in Situationen verwendet werden, in denen sicher ist, dass sich der Hund auch wie gewünscht verhält. Ist das nicht gewährleistet, so kann man versuchen, unter Verwendung von Alternativen (Geschirr statt Halsband usw.) diese Situationen zu meistern.

89

Die Spitze des Eisbergs

Schwierigkeiten bei der Leinenführigkeit sind oft nur die Spitze eines Eisbergs. Auch ein gut durchgeführtes Training bringt nicht den gewünschten Erfolg, weil es wie eine Tünche über dem eigentlichen Problem ausgebreitet wird. Verbesserungen stellen sich erst dann ein, wenn man das Grundproblem behoben hat, das auf den ersten Blick scheinbar gar nichts mit der Leinenführigkeit zu tun hat.

Fehlerquelle	Fehlerbeschreibung	Abhilfe
Gesundheitliche Probleme	Schmerzen durch Wirbelsäulenerkrankungen, hormonelle Störungen, Allergien oder Krankheiten des Bewegungsapparates sind oftmals Ursache für aufgeregtes oder aggressives Verhalten an der Leine. Mangelndes Seh- oder Hörvermögen kann den Hund verunsichern.	»Gesundheits-Check« beim Tierarzt. Bei orthopädischen Problemen passende Führhilfe finden: statt Halsband – Geschirr oder statt schmalem Halsband ein breiteres, gepolstertes verwenden. Wenn abgeklärt ist, dass bestimmte Bewegungen Schmerzen verursachen, aufpassen bei Wendungen oder abrupten Bewegungen, Stopps usw.

Fehlerquelle	Fehlerbeschreibung	Abhilfe
Sozialisation des Hundes	■ Hunde mit geringen Umwelterfahrungen können sich oft nur schwer auf das Leinegehen konzentrieren, wenn nebenher viel Neues im Umfeld zu entdecken ist. ■ bei einem Hund aus zweiter Hand ist nicht immer bekannt, aus welchem Umfeld er stammt und welche Umwelterfahrungen er machen konnte	Stufenweiser Aufbau, Beginn im ruhigen und vertrauten Umfeld, Ablenkungen langsam steigern. Zeit lassen und evtl. auch einen Schritt zurückgehen beim Aufbau der Übungseinheiten. Evtl. zuerst nur Umweltgewöhnung ohne Leinentraining.
Zuhause des Hundes	Hat der Hund auch einmal seine Ruhe? Welche Familienmitglieder mischen bei der Erziehung mit? Darf der Hund im Haus alles und soll draußen auf einmal funktionieren? Wer geht mit dem Hund Gassi, immer dieselbe Person oder wechselnde Leute?	In der Lernphase arbeitet immer dasselbe Familienmitglied mit dem Hund. Alle Mitglieder verwenden die gleichen Signale und einigen sich über deren Bedeutung. Wenn immer alle auf den Hund einreden, wird die Bedeutung verbaler Signale abgeschwächt.
Vorstellungen des Hundebesitzers	Unrealistische Erwartung des Hundebesitzers: etwa, der Hund soll den ganzen Tag alleine in der Wohnung sein, aber auf der Abendrunde dann perfekt und aufmerksam an lockerer Leine mitgehen.	Realistische Abklärung der Hundebedürfnisse, besonders Bewegungsdrang.
Hundepersönlichkeit	Es gibt innerhalb der Rassen und Hundepersönlichkeiten individuelle Unterschiede in Temperament, Aufmerksamkeit und Lernfähigkeit. Lebhafte Hunde mit schneller Auffassungsgabe lernen schnell, lassen sich aber auch leichter ablenken. Ruhige Hunde mit gelassenem Temperament trotten leichter geduldig an der Seite ihrer Besitzer, sind aber nicht so aufmerksam auf das, was diese von ihm haben möchten.	Bei der Erziehung die individuellen Veranlagungen berücksichtigen, kein Hund ist wie der andere, Übungen differenzieren. Nur das fordern, was im Rahmen der Möglichkeiten geht.

Übungsvorschläge zur Leinenführigkeit

Gehen um interessante Dinge

Legen Sie unterschiedlich interessante Dinge, wie Spielzeug, Leckerchen oder ein Stück altes Brot aus und üben Sie mit dem Hund an lockerer Leine um diese Ablenkungen zu gehen. Wechseln Sie die Gegenstände je nach Ausbildungsstand und beginnen Sie mit der kleinsten Ablenkung und einem größeren Abstand. Es geht in dieser Übung nicht um den Nervenkitzel, eine schwierige Übungsstufe »gerade noch« zu meistern; denn dies beinhaltet das Risiko, dass es nicht klappt.

Ziel der Übung:

Es geht vielmehr darum, dass Sie Ihren Hund und die Ablenkung so einschätzen können, dass die Übung auf jeden Fall gelingt und Sie und der Hund ein Erfolgserlebnis haben. Der Hund soll Ihnen auch dann an lockerer Leine willig folgen, wenn für ihn interessante Dinge am Wegesrand liegen.

Wenn es nicht klappt:

Die Ablenkung war zu groß. Gehen Sie zwei Stufen auf der Übungsleiter zurück, nehmen Sie eine leichtere Ablenkung oder einen noch größeren Abstand.

Umhängeleine

Für diese Übung verwenden Sie eine ganz normale, etwa zwei Meter lange, mehrfach verstellbare Führleine. Hängen Sie sich die obere Schlaufe locker um die Schulter, so haben Sie beide Hände frei. Der Hund ist an Ihrer Seite.

Gehen Sie nun zügig los, führen Sie Wendungen, Tempowechsel und Richtungsänderungen durch, aber ohne an der Leine zu rucken. Die Leine sollte immer locker durchhängen. Geben Sie Ihre Kommandos über Hör- und Sichtzeichen und Ihre Körpersprache, die nun sehr eindeutig und exakt sein müssen, damit der Hund versteht, was Sie von ihm wollen.

Ziel der Übung:

Beim Führen an der Umhängeleine wird manchem Hundebesitzer erst bewusst, wie oft er unnötig an der Leine ruckt und damit auf seinen Hund einwirkt. Diese Einwirkung ist für den Hund selten eine echte Hilfe, sondern eher unangenehm und nicht als eindeutiges Signal zu erkennen.

Achtung:

Soll der Hund an der Umhängeleine noch andere Übungen ausführen, ist vor allem bei einer Platzübung darauf zu achten, dass die Leine lang genug dafür ist (sonst hängt das arme Tier in der Luft). Bei großen Hunden und unebenem oder abschüssigem Untergrund sollten Sie die Umhängeleine nicht verwenden. Es besteht Sturzgefahr, wenn der Hund plötzlich nach unten oder zur Seite zieht.

Vorübung zum »Fuß« mit der Umhängeleine

Nehmen Sie den Hund an die Umhängeleine oder binden Sie sich die Leine um die Taille. Nun rüsten Sie sich mit einem guten Vorrat an kleinen Leckerchen aus, zum Beispiel Katzentrockenfutter. Gehen Sie los – nicht nur geradeaus, sondern machen Sie viele Wendungen und Kurven. In der einen Hand halten Sie den Vorrat an Leckerchen, mit der anderen Hand füttern Sie den Hund immer dann, wenn er genau in der Position für »Fuß« ist. In welcher Hand sich Ihr Vorrat befindet und mit welcher Sie füttern, müssen Sie selbst ausprobieren.

Achtung:

Wenn Sie mit der rechten Hand füttern und den Hund links führen, muss die Hand immer zum Hund kommen, sonst neigt er dazu, quer vor Ihnen zu gehen, weil er so schneller an das Leckerchen kommt. Zunehmend können Sie dann zum passenden Zeitpunkt das ausgewählte Hörzeichen für das Gehen bei Fuß einfügen.

Bei großen, kräftigen Hunden und unebenem Boden ist auch bei dieser Übung Vorsicht geboten.

Gehen am Bindfaden

Eine weitere Übung, bei der Sie trainieren, sich nicht an der Leine festzuhalten und Ihren Hund damit zu lenken, ist, dass Sie ihn an einem Bindfaden führen, der in etwa Leinenlänge hat. Hier ist es ja nun wirklich nicht mehr möglich, den Hund festzuhalten. Deshalb führen Sie bitte die Übungen nur in einer Umgebung durch, in der der Hund weder sich selbst noch andere gefährdet, wenn der Bindfaden reißt.

Zunächst könnten Sie dies auf einer kurzen Wegstrecke geradeaus versuchen, dann bauen Sie Wendungen ein oder gehen in unterschiedlichem Tempo. Natürlich können Sie auch üben, auf diese Art und Weise an unterschiedlichen Ablenkungen vorbei zu gehen.

Ziel der Übung: Sie trainieren Ihre Körpersprache, die sehr eindeutig sein muss.

Achtung: Manche Hundebesitzer neigen dazu, hier die Körpersprache zu übertreiben oder sich doch wieder zu sehr dem Hund zuzuwenden, um ihn zum Mitlaufen zu animieren. Bleiben Sie exakt, aber normal!

Zurück – hinten

Es gibt Situationen und Wege, die es nötig machen, dass der Hund zwar dicht bei seinem Menschen geht, ein exaktes Fußgehen aber nicht möglich ist. Beispielsweise beim Begehen einer schmalen Treppe, eines kleinen Gebirgspfades, wenn Ihnen dann auch noch gleichzeitig andere Wanderer entgegenkommen oder wenn Sie mit ihrem Hund auf einem steil nach unten führenden, rutschigen Weg gehen.

Für diese Situationen können Sie das Signal »zurück« oder »hinten« trainieren. Das Ziel ist ein Hund, der dicht hinter Ihnen an lockerer Leine mitläuft, ohne zu drängeln.

Am besten üben Sie dieses Hintengehen zunächst auf einer Wegstrecke, die seitlich durch eine Mauer oder Hecke begrenzt wird. Gehen Sie mit dem angeleinten Hund so dicht an der Mauer entlang (Hund geht auf der Mauerseite), dass er nicht mehr neben Ihnen, sondern hinter Ihnen gehen muss. Bleibt er für einige Schritte ruhig hinter Ihnen, wird er gelobt. Drängt er nach vorne, nehmen Sie ihm diese Möglichkeit, indem Sie ihm mit Ihrem Körper oder Bein etwas den Weg abschneiden. Wiederholen Sie diese Übung einige Male und loben Sie Ihren Hund jedesmal für das richtige Verhalten.

Erst, wenn der Hund bereits für einige Schritte gut hinter Ihnen geht, ohne zu drängeln oder zu versuchen, Sie auf der anderen Seite zu überholen, können Sie das dazugehörige Signal »zurück« einführen: Geben Sie es immer genau in dem Moment, in dem der Hund wie gewünscht hinter Ihnen geht.

Achtung:

Manche Hunde entwickeln ein enormes Geschick, sich zwischen den Beinen des Besitzers hindurchzudrängeln. Lassen Sie sich nicht auf ein Gerangel mit dem Hund ein, bleiben Sie notfalls alle paar Meter stehen und versperren Sie ihm ruhig und souverän den Weg.

Gezieltes Gehen

Stecken Sie sich mit Zaunpfosten, einfachen Weidenruten o. Ä. auf einer Wiese einen Parcours ab, indem Sie die Pfosten mit mehreren Metern Abstand voneinander in den Boden stecken. Nehmen Sie nun Ihren Hund an die Leine, machen ihn auf sich aufmerksam. Überlegen Sie vorher, welchen Pfosten Sie ansteuern möchten. Nehmen Sie diesen Pfosten ins Visier, schauen ihn an und gehen geradewegs darauf zu. Sie können ihn umrunden oder den Hund am Pfosten absitzen lassen. Nun fixieren Sie den nächsten Pfosten und gehen gezielt darauf zu.

Sie können sich auch vorher eine Strecke über mehrere Pfosten überlegen, die sie dann abgehen. Eine weitere Möglichkeit ist es, zwei Pfosten in Form einer Acht zu umrunden. Diese Übung können Sie natürlich auch in anderem Gelände durchführen. In Wohngebieten können Sie beispielsweise Straßenabsperrpfosten, Pfeiler, Säulen oder ähnliche Markierungen gezielt anlaufen und umrunden. Auch ein Waldgelände oder eine Baumwiese ist gut geeignet.

Wichtig dabei ist, dass die Bäume zu Beginn des Trainings nicht zu dicht beieinander stehen (es muss möglich sein, mehrere Meter geradeaus zu gehen, ehe Sie den nächsten Baum umrunden) und dass der Bodenbewuchs nur sehr schwach ist (Verletzungsgefahr, ruhiges, gleichmäßiges Gehen fällt schwer, wenn Äste o. Ä. übersprungen werden müssen).

Ziel der Übung:

Sie trainieren, in aufrechter Körperhaltung und entschlossen vorwärts zu gehen. Ihre Haltung vermittelt dem Hund, dass Sie wissen, was Sie wollen und er folgt Ihnen aufmerksamer, als wenn Sie unschlüssig über die Wiese gehen würden.

Achtung:

Gehen Sie nur so dicht an den Pfosten bzw. Bäumen vorbei, dass Sie beide bequem daran vorbei passen. Umrunden Sie das Hindernis auch nicht immer nach der gleichen Seite. Der Hund wird aufmerksamer, wenn er mal den engen Innenbogen und dann wieder den etwas weiteren Außenbogen gehen muss.

Wenn Sie die Übung im Wald durchführen, sind manche Hunde oft sehr unkonzentriert und abgelenkt, wegen der vielen interessanten Geräusche und Gerüche. Hier können Sie beispielsweise zunächst nur einen oder zwei Bäume gezielt anlaufen und dann wieder auf den Weg zurückkehren.

Tipps zum Weiterlesen

Hockenjos, Claude
Hundeerziehung verständlich gemacht
Müller Rüschlikon, Cham 2005

Niepel, Gebriele
So wird mein Hund zum Freund
Müller Rüschlikon, Cham 2000

Laser, Birgit
Clickertraining
Cadmos, Lüneburg 2000

Pietralla, Martin und
Dr. Schöning, Barbara
Clickertraining für Welpen
Kosmos, Stuttgart 2002

Pryor, Karen
Positiv bestärken, sanft erziehen. Die verblüffende Methode nicht nur für Hunde
Kosmos, Stuttgart 1999

Del Amo, Celina
Hundeschule Step-by-step
Ulmer, Stuttgart 2003

Sabine Winkler
So lernt mein Hund
Kosmos, Stuttgart 2005

Hallgren, Anders
Rückenprobleme beim Hund
animal learn 2004

Hundewissen

NOTFALL *Ratgeber* **HUND**
Bettina Weinert

Alles über Hunde
Kate Kitchenham

Kate Kitchenham
Alles über Hunde
Dieses Basiswerk dient als Entscheidungshilfe für die Wahl des richtigen Hundes. Der Schwerpunkt liegt auf den verschiedenen Entwicklungsphasen des Hundes. Auch auf das wichtige Thema Kind-Hund-Beziehung wird eingegangen, während sich das letzte Kapitel der Gesundheit des Vierbeiners widmet.
224 Seiten, 222 Farbbilder
Bestell-Nr. 41597 **€ 19,95**

Bettina Weinert
Notfallratgeber Hund
Wer mit seinem Hund unterwegs ist, muss auf Notfälle vorbereitet sein. Dabei hilft dieses Buch mit Informationen über die wichtigsten Erste-Hilfe-Maßnahmen.
128 Seiten, 108 Farbbilder
Bestell-Nr. 41598 **€ 14,95**

Verena Ommerli
Dummy-Arbeit mit Retrievern
Grundkurs

Alexandra Roth
Regula Tschanz-Haas
AGILITY
VOM JUNGHUND ZUR LEISTUNGSKLASSE

Crista Niehus
Passt dieser Hund zu mir?
200 Rassen im Portrait

Verena Ommerli
Dummy-Arbeit mit Retrievern
Dummy-Arbeit als Beschäftigungsmöglichkeit.
160 Seiten, 155 Farbbilder, 1 Zeichnung
Bestell-Nr. 41599 **€ 19,95**

Alexandra Roth/Regula Tschanz-Haas
Agility
Agility ist längst zum Volkssport avanciert.
160 Seiten, 223 Bilder, davon 157 in Farbe
Bestell-Nr. 41559 **€ 19,95**

Crista Niehus
Passt dieser Hund zu mir?
Hier werden 200 populäre Rassen vorgestellt.
240 Seiten, 319 Farbbilder
Bestell-Nr. 41622 **€ 24,90**

IHR VERLAG FÜR HUNDE-BÜCHER
Postfach 10 37 43 · 70032 Stuttgart
Tel. (07 11) 21 08 065 · Fax (07 11) 21 08 070
www.paul-pietsch-verlage.de

Müller Rüschlikon

Stand März 2008 – Änderungen in Preis und Lieferfähigkeit vorbehalten